TAIJI FUJIMORI WORKS

藤森泰司アトリエ 編著

家具デザイナー藤森泰司の仕事

CONTENTS

道具の先へ

藤森泰司

家具との出会い

家具に興味が湧いたのは、たしか大学2年生のときだった。歴史的な家具を現代的な素材でリ・デザインするという実物制作の授業が最初だったと思う。建築やインテリアの分野で初めて原寸に向き合ったわけだが、あらゆる素材を多様な方法で組み合わせて立体をつくる彫刻的な側面と同時に、それが日常的に使う身近な道具であることに惹かれた。その後、教授であった家具デザイナーの大橋晃朗氏*1のゼミに入り、最初の課題である名作椅子の実測作業が、家具にのめり込む決定的なきっかけになった。

実測作業は、研究室に置いてあるいくつかの椅子の中から、自分が興味のあるものを見つけることから始める。僕が選んだのはハンス・J. ウェグナーの「ブルチェア」(1961)だった。その美しい木製の椅子をふと手に取ったとき、大橋氏がニコッと笑ったのを憶えている。後になってその笑みの意味がわかるのだが、研究室にある椅子の中では最も難しい部類に入るものだったのである。設置面に対して水平垂直のラインがなく、この椅子の特徴であるアームと背もたれは、無垢材を手作業で削り出すことによって、身体に触れる部位の断面形状をゆるやかに変化させていた。シンプルに見えたものが、実はとても彫刻的なフォルムだったのだ。

作業の方法は、A0判の模造紙の上に椅子を置いて「下げ振り」と呼ばれる測量道具でひとつひとつの点をマーキングしながら丁寧に測っていく。そしてそのデータをもとにA0判のトレーシングペーパーに原寸図を描くというものだ。言葉にすると一瞬だが、より正確にデータを取ろうとすると、測り方にも想像力を要し、時間のかかるとても根気のいる作業だった。それでもミリ単位でマーキングした点を慎重につないでいくと、美しいアームや背もたれの曲線が次第に浮かび上がってくる。デザイナーがなぜその曲線を描いたのかを、自分の手で“測る”ことによって追体験するのだ。今まで何気なく見ていた道具が、いかによく考えられたものであるかをまさに“体感”するのである。

ハンス・J. ウェグナー「ブルチェア」1961年

測ることで見つけ出した個々のディテールを少しずつつないでいくと、やがて椅子という形式／まとまりになる。そこに現れる身振りには、デザイナーやつくり手の意志や思想とともに、背景となる時代の空気まで感じ取れるような気がした。大げさに言えば、椅子が生まれる瞬間に立ち会っているような気持ちになった。家具がさらに好きになった出来事だった。

問いのかたち

1999年に独立して、すぐに建築家とのコラボレーションを中心に仕事を始めた。建築家が設計した、ある特定の建物のためにつくる特注家具の仕事である。大学卒業後も大橋氏に師事し、同氏の急逝後、建築家の長谷川逸子氏のもとで、主に公共施設の家具やインテリアデザインを担当して実務経験を積んだ。ゆえに、独立後も特注家具に取り組むのは自然な成りゆきだった。

その一方で、展覧会などで、自主的に自身のコンセプトを直截的に表現する家具も発表した。初めての個展「方法としての家具／藤森泰司家具展」(2002)を開催したとき、独立以来ずっと気になっていた“椅子”のデザインに取り組んでみようと思った。特注家具の仕事においても、単体の椅子をデザインすることは少なく、自身が育った環境も居間は畳であり、椅子は使っていなかった。当時の自分の生活も同じだった。冒頭の実測作業の経験もあって、どこか椅子はひどく手強い印象があり、なかなか手をつけられないでいた。むしろ、家具を扱うデザイナーは何でみんな椅子のデザインばかりするのだろうとさえ思っていた。それは、椅子への憧れと、そこになかなかたどり着けない嫉妬心が同居したような感情だったのかもしれない。

最初にデザインした椅子は「Flat Chair」(2002)である。前述したような感情がありながら、じゃあ自分にとっての椅子とは何か?という問いから始めた。ベンチのようにフラットな座面があり、その上で自由な姿勢が取れること。背もたれは座る方向を指示する記号であり、椅子を移動するときの取っ手のような機能があればよい。そして何かしら座る人の身体に反応すること。この3つの要素を手がかりに形(かたち)を探した。結果的には、フレームをスチールで構成し、その上に横幅の広い薄い合板を乗せ、背もたれは細いラインのみにした。フラットな薄い合板は身体を預けるとわずかにたわみ、それが座る道具であることを少しだけ示唆する。椅子のデザインにとっては自明の理のようなことを前提としない構成は、この椅子に独特な表情をもたらした。当時の僕にとっては、その作業は魅力的であり(それしかできなかったとも言えるが)、新しいものをつくらなければならないという強い思いがあった。あたりまえのことを疑ったりズラしたりすることこそが重要だったのだ。後に続けたいくつかの試みも、ギリギリのところで椅子／家具として成立しているが、道具として使いやすいものではなかったと思う。より多くの人が日常的に使用するリアリティ、例えば座り心地のよさよりも優先したいことがあったのだ。自身が椅子というものをデザインするうえでの根拠、椅子とは何かという“問いのかたち”そのものを具現化することに意味を見出していたのである。

藤森泰司「Flat Chair」2002年

道具であること

特注家具の仕事と同時に、“問いのかたち”への試みを続けていると、作品をきちんと見てくれている人もいて、ちらほらとメーカーから商品開発の依頼が来るようになった。商品として最初にデザインした椅子は「MW-100」(2005)である(名前を付けることを躊躇していたら、品番が名前になってしまった)。オフィスメーカーから、キャンティーン用の木製椅子を考えてほしいという依頼だった。自主的につくっていた“問いのかたち”の家具は、ほしいという人がいてもなかなか提供できなかったこともあり、商品の依頼はとても嬉しかった。だが、とまどいもあった。商品家具はテーブルや椅子といったアイテムとしての具体的な依頼はあるものの、実はとても曖昧なものだったのだ。特注家具は常に具体的である。設置される空間とそこで使用する人のためにつくる。商品家具はそれを自分で設定しなければならない。最初はそのバランスがつかめず、上記の椅子もそれまで自分で考えてきたボキャブラリー、つまり商品ということを意識しつつも通常の椅子から少しズラす方向でデザインした。

最初にできた試作を見て愕然とした。表現的でもなければ、椅子としてもきちんと機能していなかった。中途半端だったのだ。そのとき、小さなこだわりはやめて、今、自分ができることのなかで“座り心地のいい椅子”をつくろうと思った。その意識は、その後の「DILL」(2006／18頁)という椅子のデザインにもつながり、さまざまな側面から椅子に取り組めるようになった。何かを強く表現するためには、何か変わったことや極端なことをしなければならないという思考そのものが、自分のデザインを小さな領域にとどめているのではないか？ という、それまでずっと引っかかっていたことから自由になったのだ。

その椅子が使われるであろう環境や使い手にとって必要な座り心地をつくり、それを含めた全体で何を伝えらえるか。商品として日常に入っていくことの責任、実際には会うことのない他者と家具を通して言葉ではないささやかな交換ができること。美しい“道具であること”を強く意識するようになったのである。もちろんそれは、特注家具の分野にも反映された。

得体の知れぬもの

椅子への取り組みを通して、家具について考えてきたことをなるべく具体的にたどってみた。素朴に吐露することでしか、今の自分の状態が見えてこないと思ったからだが、その過程で、ふと、家具を学び始めた学生のころに触れた下記の言葉を思い出した。

「家具とは得体の知れぬもの」

これは、大橋氏へのインタビュー(「家具ゲーム、文化ゲーム：文化の錯綜体としての家具」聞き手：多木浩二『SD』1985年5月号)の終盤に記されていたものである。当時、よくわからないながらも、その言葉がとても強く印象に残ったことを憶えている。今は、そのわからなさの意味が変わって、より強く響いてくる。

ふりだしに戻るようだが、家具をデザインするとき、いちばん重要なこととは何なのだろうか？ 素材や技術なのか、新しい構造なのか、道具としての使いやすさなのか、あるいは彫刻的なフォルムの美しさなのか。おそらく、そのすべてであって、すべてではないのだ。大橋氏の言葉は、人間の生活様式とは切り離せない“家具”というものに真剣に向き合ったとき、つまり、家具というひとつの道具を社会／文化的な視点で眺め始めた途端に、一挙に途方もない広がりに投げ出される“感覚そのもの”に対して発せられたのではないか。かつてなぜその家具は生まれてきたのか、今またなぜ家具をデザインするのか、そうしたつかみがたい問いを続けていく決意のようなものだったのだろう。

自分のデザインが、“道具であること”を常に考えるようになったのは、この“得体の知れぬもの”に対して、何か少しでも確かだと思える根拠が必要だったからかもしれない。今は、逆にそこにとらわれすぎているのではないか？ とも感じる。同時代に生きる人たちが日常生活のなかでいきいきと使い続けていく、魅力的な存在であればいいのだ。では家具だからこそ可能になることとは何なのだろうか。道具は道具のままでよいのか、道具の先はあるのか、道具を超えなければならないのか。まだまだ堂々めぐりを続けていくしかないのだろう。

註

*1 大橋晃朗(おおはし・てるあき)｜家具デザイナー。1938年生まれ。桑沢デザイン研究所卒業。篠原一男に師事し、建築を学ぶ。“台のようなもの”という家具を概念的にとらえた作品と論考が契機となり、思考としての家具を試みるようになる。1984年東京造形大学教授。1992年逝去。主な作品に、「7つの椅子」「ボード・ファニチュア」「ハンナン・チェア」などがある。

藤森泰司「MW-100」2005年

RINN

リン

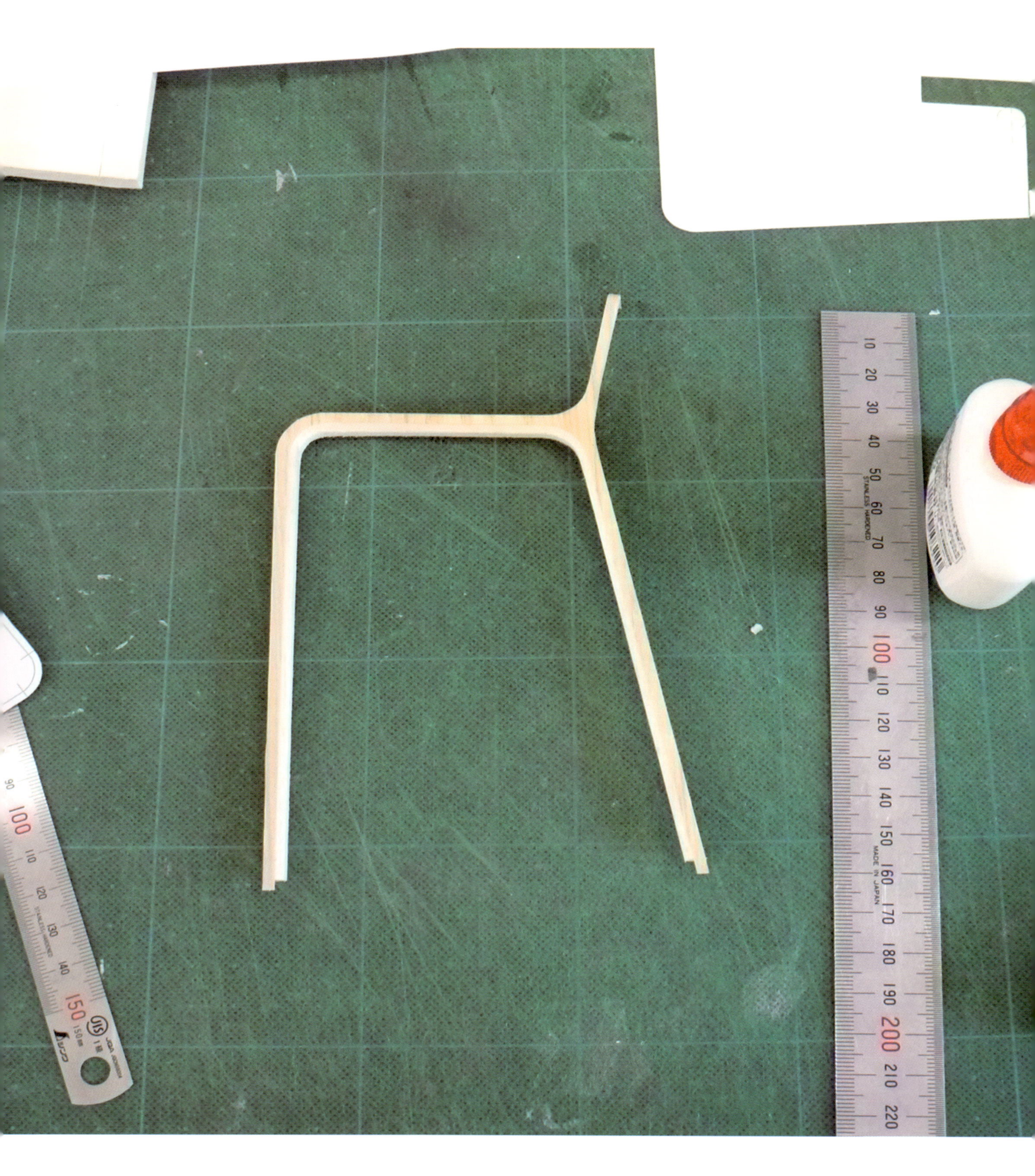

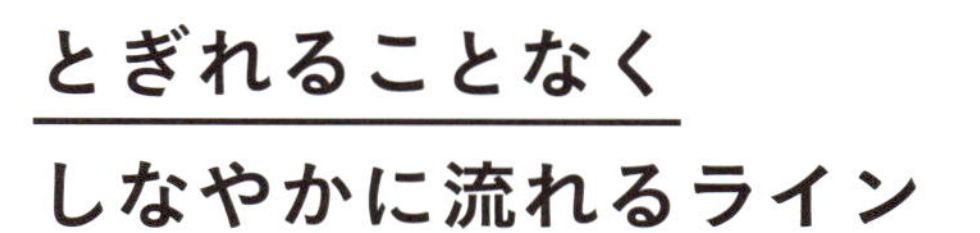

とぎれることなく しなやかに流れるライン

模型は、完成イメージのコンセプトに沿ってつくっていく。背もたれから脚にかけてひと続きのフレームとしたいため、1枚のバルサ材からいっきに切り出す（上）。突き板を貼るための型紙の確認（右）。

木材は椅子をつくる素材の中では最も古いもののひとつであり、今もなお日常的な家具の主要素材であるが、その製作技術は日々進化し続けている。この椅子は、メーカーが培ってきた成形合板の技術に新しい視点を加え、今だからこそ可能になる木製椅子の在り方を目指した。

通常の木製椅子は無垢材から切り出したパーツをどうつなぎ合わせるかというジョイント技術に注力するが、この椅子は、紙を切り抜いたような薄い合板パーツを重ね合わせながら成形することで、背もたれから脚部まで継ぎ目のないひと続きフレームを実現した。スリムな印象以上に座り心地も安定性があり、シートバックやアームの曲線が心地よく身体にフィットする。また、シートのファブリックは取り外し可能なカバーリング仕様になっており、日常使いの椅子としての可能性を大きく広げている。

椅子をデザインするときは、多様な側面から何かひとつでも新しい提案をすること、今まで数多くつくられてきた椅子の中に、さらにもう一脚加えてもいいと思える強いデザイン意図が必要だと考えている。

実際に想定される木目の方向に沿って突き板を貼っていく（上）。完成した1：5スケールのプレゼンテーション模型（右）。

◎ フレーム概念図、

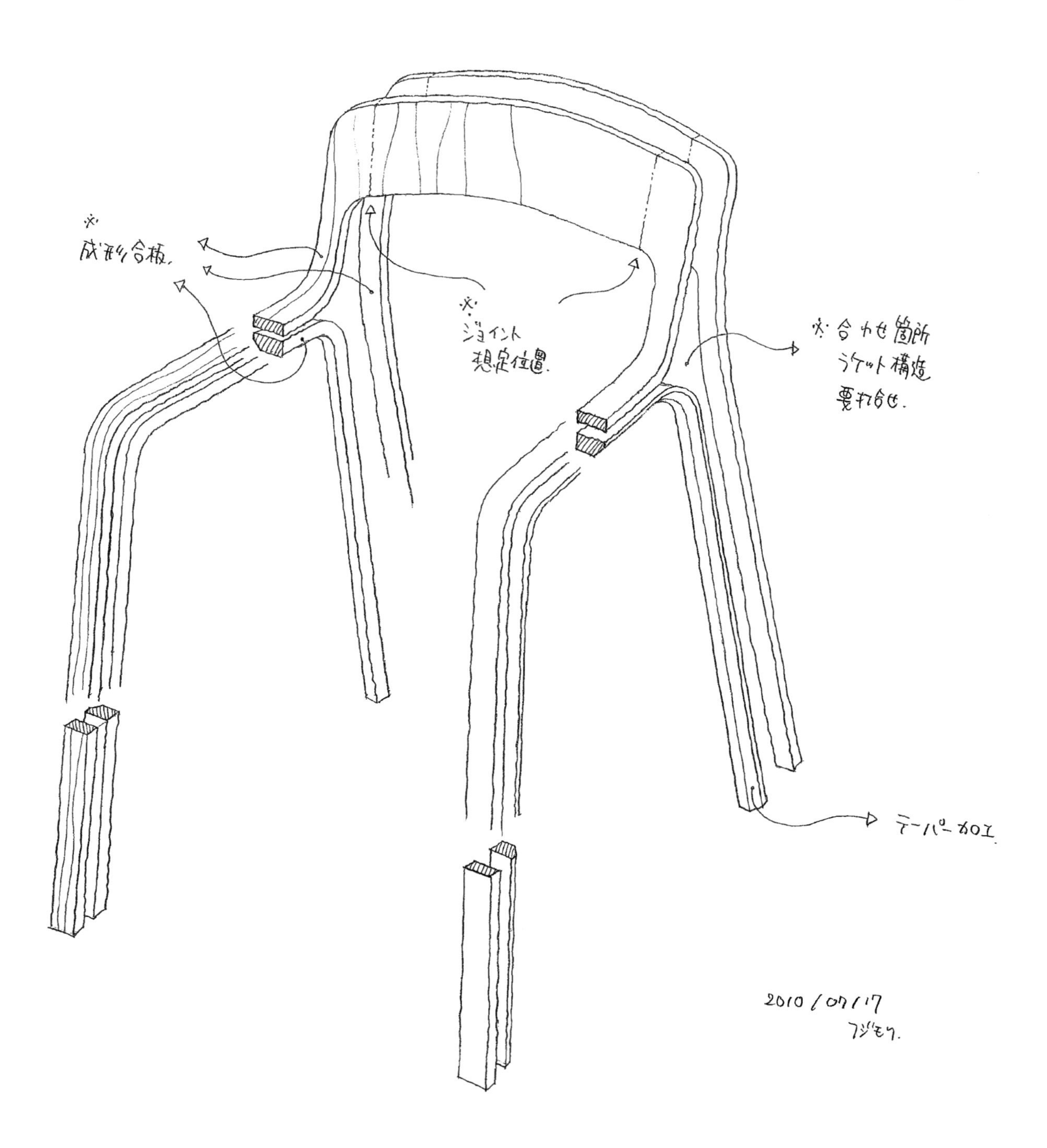

プレゼンテーション時のコンセプトスケッチ。概念的には、背もたれ→アーム→前脚までのパーツ、背もたれ→後脚までのパーツ、そしてその2つをつなぐ門形のパーツという合計3つのパーツ（成形合板）でフレームができている。それぞれは薄い合板だが、3つを合わせると強固なフレームとなる。

シートのファブリックやレザーはマジックテープによるカバーリング仕様（取り外し式）になっている。メンテナス性が良いこと、そしてシートカバーを数枚用意しておいて季節によって替えるなど、椅子の使い方を広げていく大きな要素になっている。

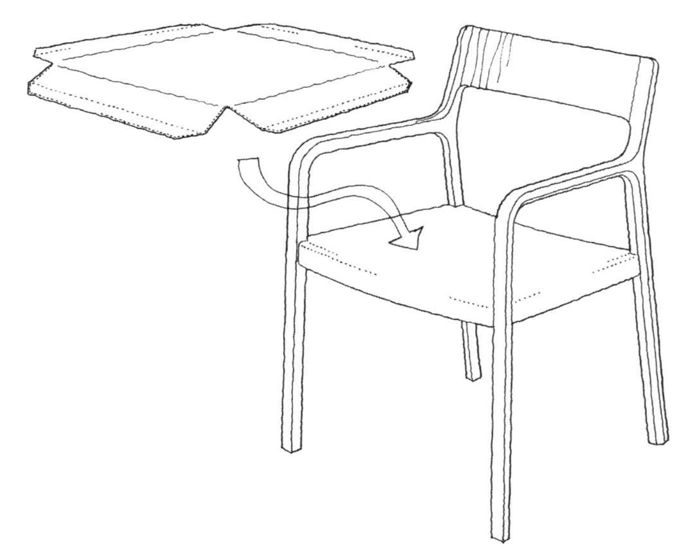

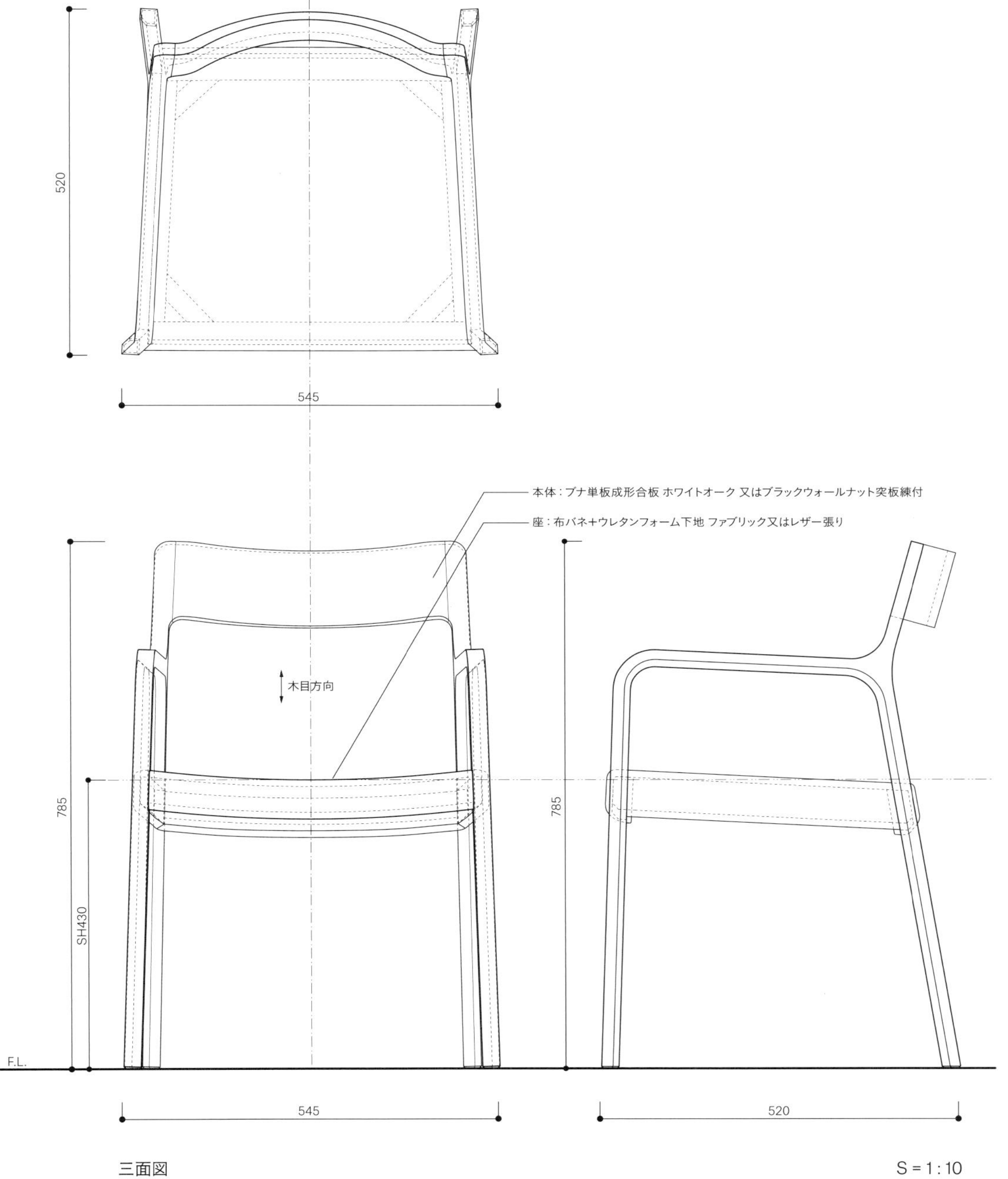

三面図

S = 1 : 10

合板のサーフェイスとなる突き板の木目方向を一方向に合わせることで、椅子全体にとぎれることなくしなやかに流れるラインが生まれ、シームレスなフレーム感をより強調している。
9頁：アームと背もたれと脚の交点となる三差路は、無垢材を入れて同時に成形する。

Round toe table

ラウンドトゥーテーブル

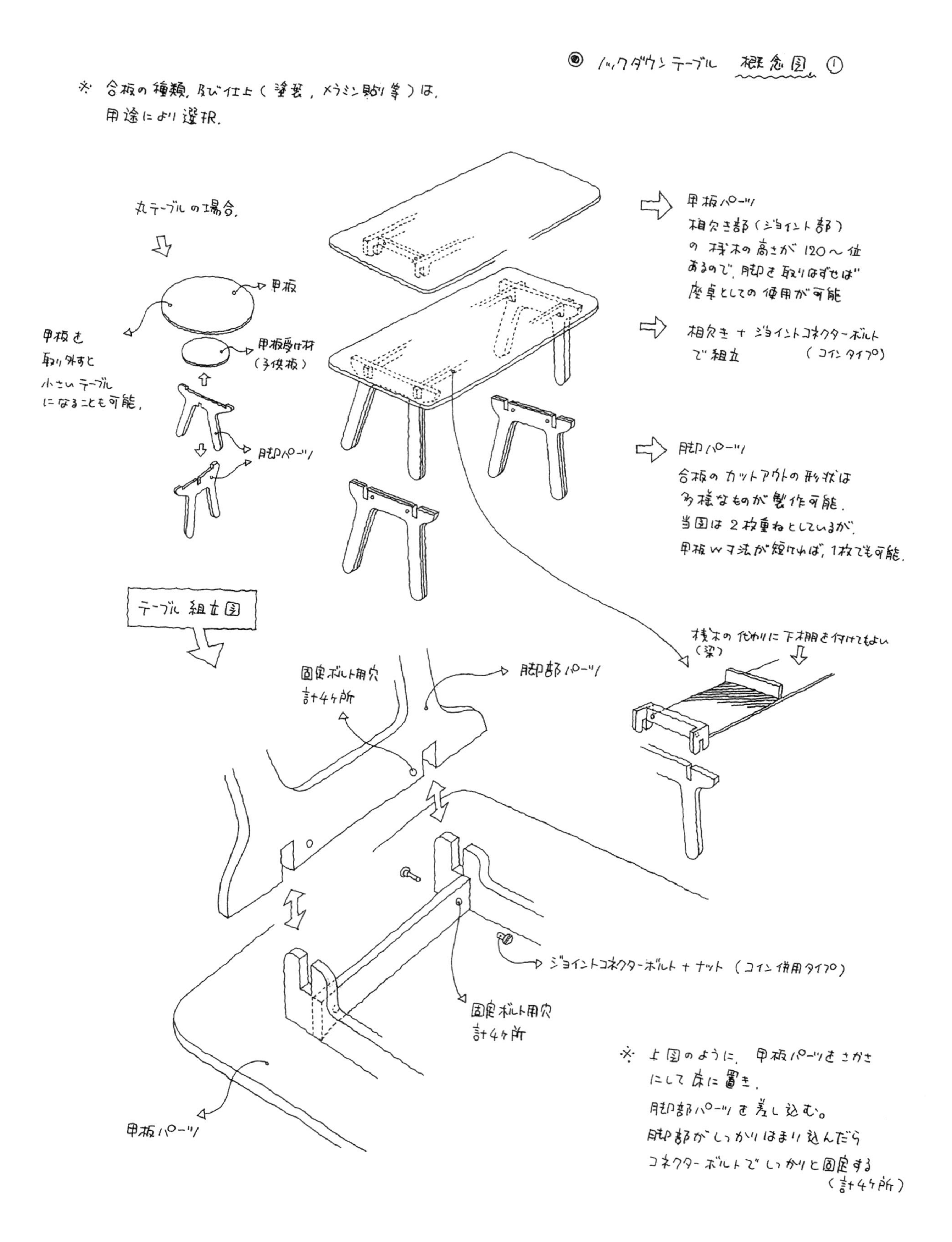

必然性から生まれた形

独立したばかりのころ、家を新築した妹夫婦にダイニングテーブルを頼まれたことがきっかけになって生まれたテーブル。遠方に住んでいるため、ノックダウン(組み立て)式にして輸送する必要があった。また比較的安価に製作するために、ひとつの素材(合板)で構成できる方法を考え、天板と脚部をパーツの状態で輸送し、脚部を天板に差し込むという1回の動作で組み立てが可能なテーブルシステムが出来上がった。当時雑誌で発表したこともあり、いくつかの依頼を受け、円形タイプやベンチなどさまざまなバリエーションをつくった。その後、E&Yにて商品化され、自身にとって初めての商品家具となった。同メーカーのコレクションとしてミラノサローネでも発表している。

特定の人のために、そして必然性から生まれた形式はときに強いメッセージを放ち、かえってユニバーサルになることがある。

前頁:コンセプトスケッチ。できることもできないことも含め、システムとしてさまざまな展開が可能になると考えていた。天板と脚部のジョイントは互いの材を切り欠いてはめ込む“相欠き”というシンプルな方法を用いた。
11頁:フラットパックになる輸送時の状態(上)と組み立て時のテーブルとベンチ(下)。

LEMNA
レムナ

ホームからオフィスまで、1人から1000人まで

ワークステーションタイプ(CE脚)

1枚の天板を4本の脚で支える「テーブル」を、オフィスでのさまざまな行為を受け止める根源的な要素としてとらえ、大きさや形式を状況に応じて変化させながら、ワークスペースをつくっていくテーブルシステム。「何でもできる」ではなく、何が必要かを考え、そのうえでのフレキシビリティをつくること、使い手がそれぞれの使い方を自然に見つけられる下地、絵を描く前の“キャンバス”のような家具を目指した。

2009年に発表した同製品を、パーソナルとパブリックが常に流動する働くという行為の“今”に対応するべく「ホームからオフィスまで、1人から1000人まで」というコンセプトのもと、2016年に全面的にリニューアルした。全体のシステム構成からアルミダイキャスト製の脚、天板形状や素材、カラーリングやオプションパーツに至るまで詳細にわたって手を入れている。これはテーブルという普遍性のある形式だからこそ可能になったと考えている。常に新製品を出し続けていくことがプロダクトメーカーの宿命だが、その新製品とは何が新しいのか？という疑問がいつも絶えない。ゆえに、こうしたリニューアルという方法は、現代のプロダクトとしてとても大切なことだと思っている。

アルミダイキャスト製の脚パーツ。直径900mmの丸テーブルや個人用デスクなどの小さなものからダイニングやミーティングテーブル、そして最大7.2mまで連結可能なワークステーションまで、すべて同じ脚パーツを使用している。高さ1000mmのハイタイプもある。仕上げは、ホワイト、ブラック、シルバーなどの塗装仕上げや、ポリッシュ(磨き)タイプ、そしてメッキ加工などのカスタマイズも可能になっている。

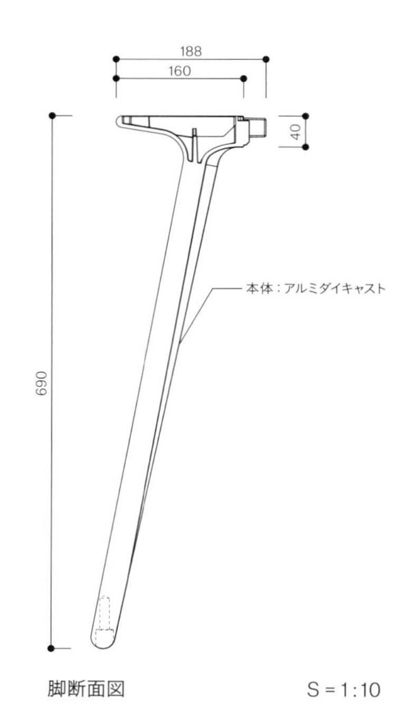

脚断面図　S=1:10

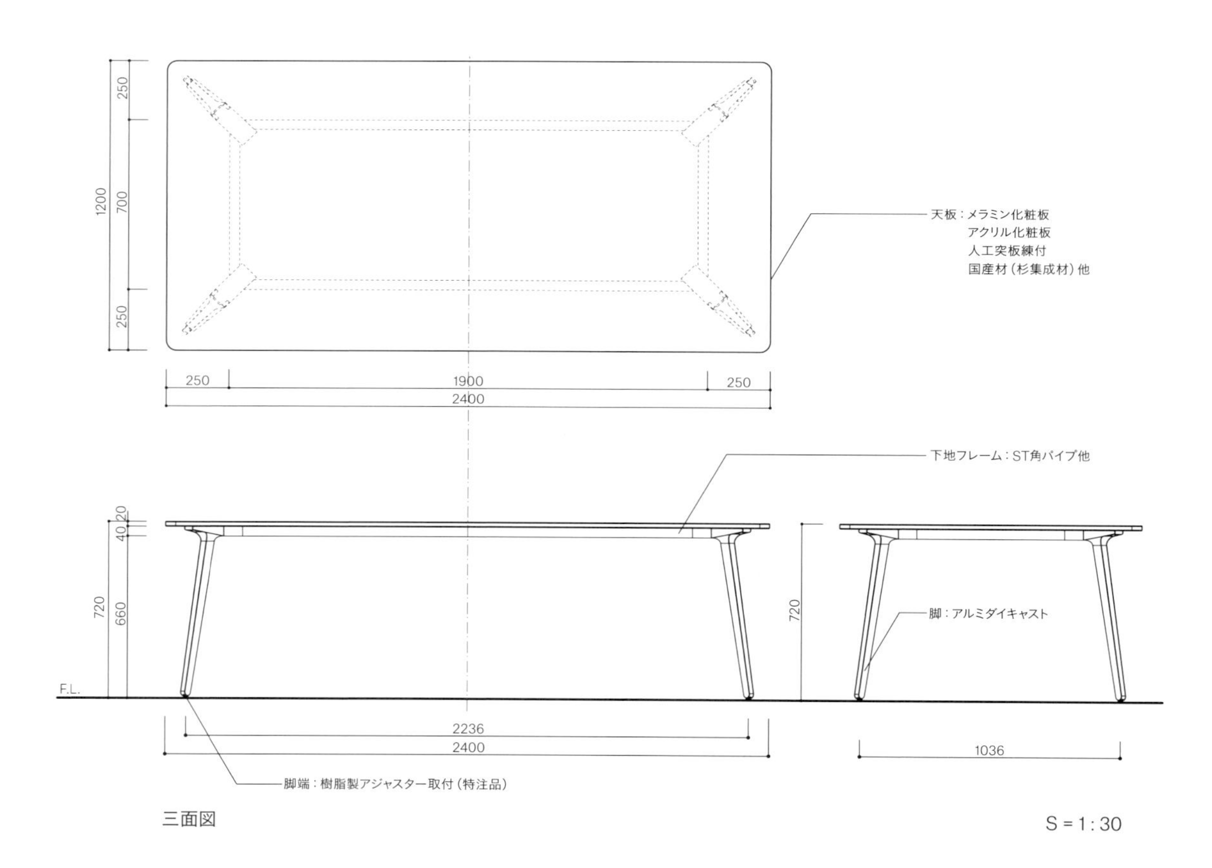

三面図　S=1:30

■ミーティングテーブルタイプ(CE脚)

ワークステーションタイプ

テーブルのバリエーションは、大まかに分けると配線ダクトが連続するワークステーションタイプとミーティングテーブルタイプの2種がある。ミーティングテーブルタイプには、連結タイプの他に単体でさまざまな形の天板形状がある。また、双方ともに脚パーツの取り付け方が2通りある。天板の角に斜め45°に取り付ける「IC脚」は、より軽やかにテーブルらしい印象をつくり、天板の短手方向に平行に付ける「IE脚」は、足元の下肢空間を広げ、収納ワゴンなどが入りやすくなる。

□両面タイプ

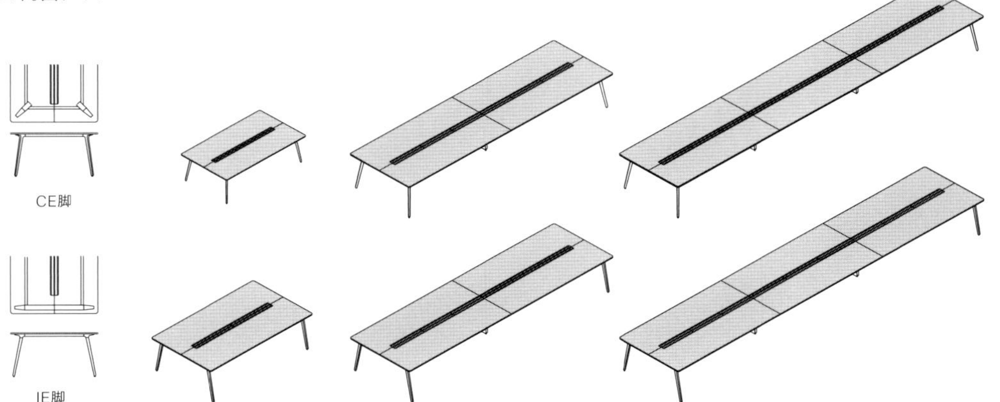

□片面タイプ

□配線ダクトカバー(両面タイプ用)

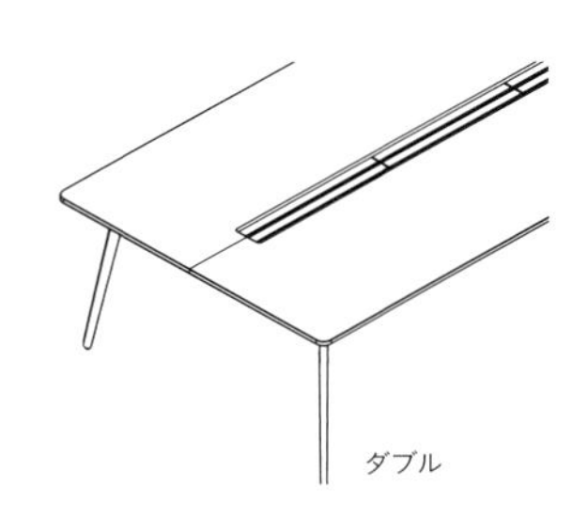

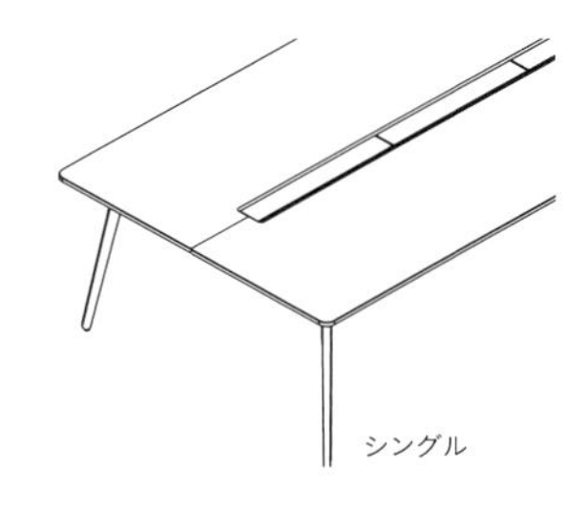

ミーティングテーブルタイプ

□連結タイプ

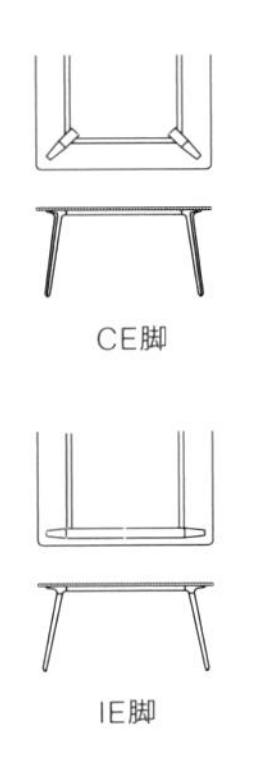

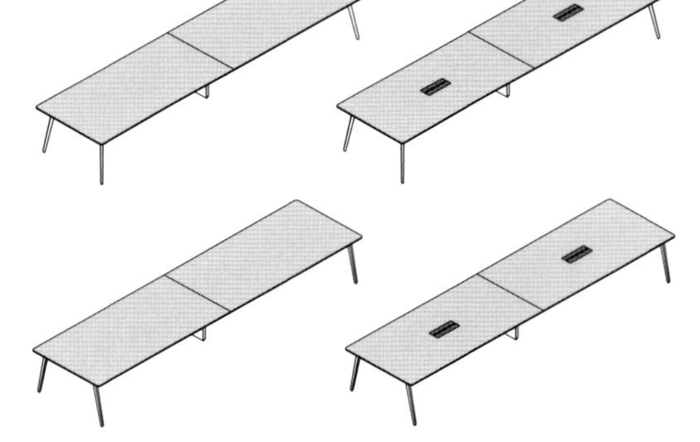

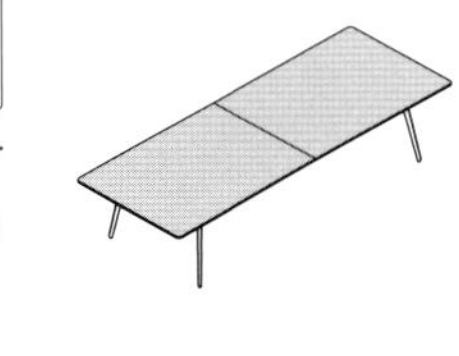
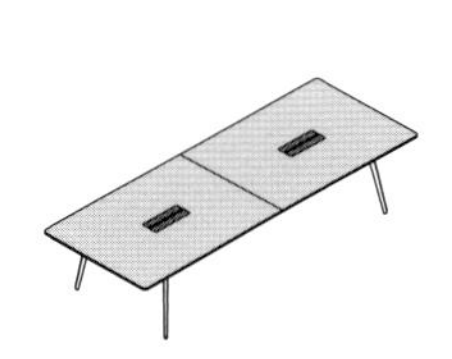
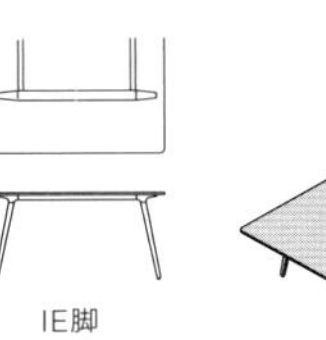

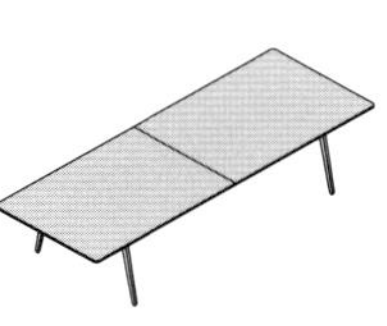

□単体タイプ

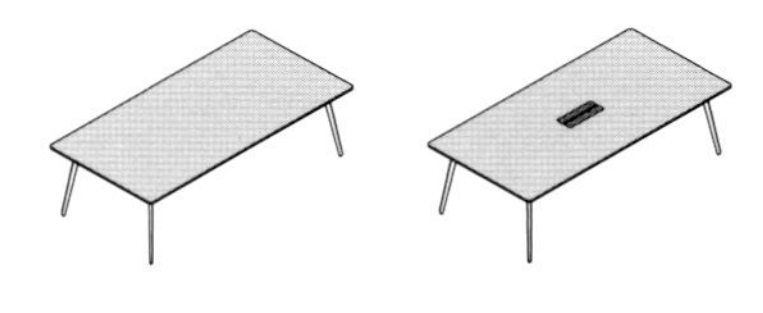
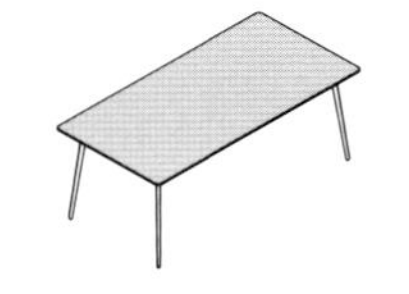

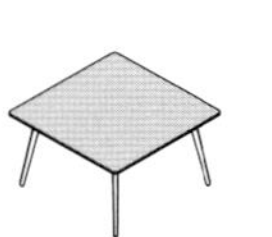

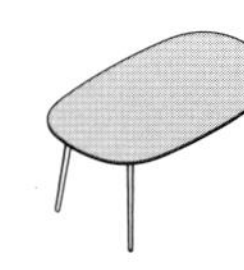

オフィスのワークデスクとして連結して使用するワークステーションタイプ。センターパネルなどのオプションや用途に合わせた配線ダクトカバーも用意されている。

繭(まゆ)形のミーティングテーブル。エッジのない柔らかな形状のため自由な方向からアクセスができる。タスク照明の設置などカスタマイズも可能になっている。

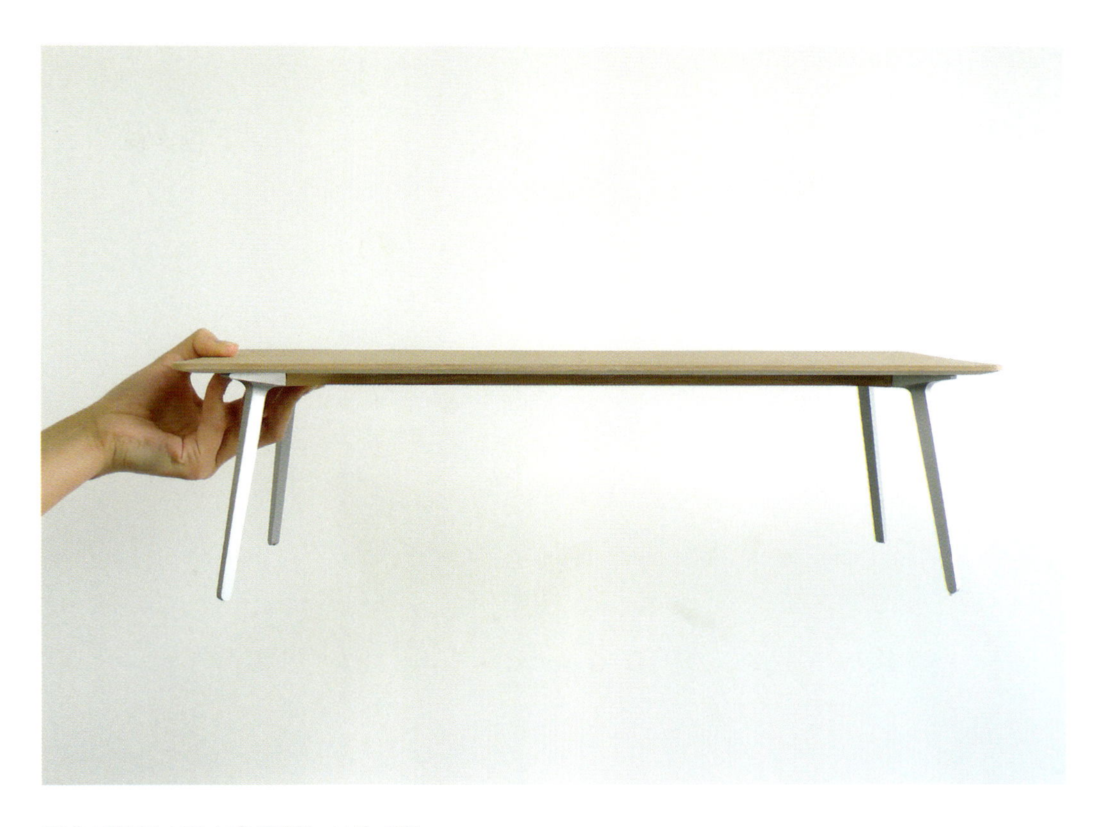

アトリエで制作したコンセプト模型（S＝1：5）。最初のプレゼンテーション時に使用したもの。オフィスでのさまざまな行為を受け止めるべく、4本脚のミーティングテーブルを展開していくアイディアからスタートした。

豊富な種類の天板形状と素材が用意されている。具体的には、メラミンおよびアクリル樹脂や天然木の突き板、国産の集成材などがある。カスタマイズの需要も多い。

DILL
ディル

つくり方から生まれた“軽さ”

コンセプトスケッチ。一般的な木製椅子は、切り出した線材や面材をどうつなぎ合わせていくかということに終始するが、この椅子は、フォルムを“面”に分解し、それらを芯材を介しながら貼り合わせていくというフラッシュ構造（中空構造）でつくられている。

世界最軽量の木製椅子といわれている、ジオ・ポンティがデザインしたスーパーレッジェーラ(1957/カッシーナ)の宣伝時、女性が指1本で持ち上げる写真があった。それを真似て筆者(藤森)が再現したもの。指1本でも軽々と持ち上がる。

ちらほらとメーカーからの提案依頼が入り始めたころ、商品家具に本格的に取り組みたいという思いもあり、何度か積極的に提案したがなかなか通らなかった。当時はメーカー側が何をしたいかというより、自身のコンセプトがすべてであり、それを実現することばかり考えていた。あまりにも通らないので、開き直って、メーカーが何を求めているかを自分なりに解釈して箇条書きにしてみた。そしてそれをすべてクリアできる案を考え、そこに自分のアイディアを重ね合わせていった。自分を消したと思っていた案は、逆に「すごく藤森さんらしい」と評価され、この椅子の開発につながった。

前置きが長くなってしまったが、この椅子はなるべく"普通"であることを目指した。ただ、そこに木製椅子の新しい構造、つくり方のアイディアを加えたかった。当初は、障子に紙を貼るように、無垢材のフレームに身体の触れる面のみに薄い合板を貼り付けていく案を提案したが、メーカーとのやりとりのなかで、フレームや面になるすべての箇所を薄い板材を貼り合わせていくフラッシュ構造(中空構造)で製作する方法に変わった。

最終的に出来上がった椅子は、その構造によってオール木製椅子としては驚くほど軽量の2.5kgという数値を実現した。材の継ぎ目がないため、一見ソリッドな印象でありながら、触れたときの軽さ、座り心地の柔らかさがこの椅子の大きな特徴になった。

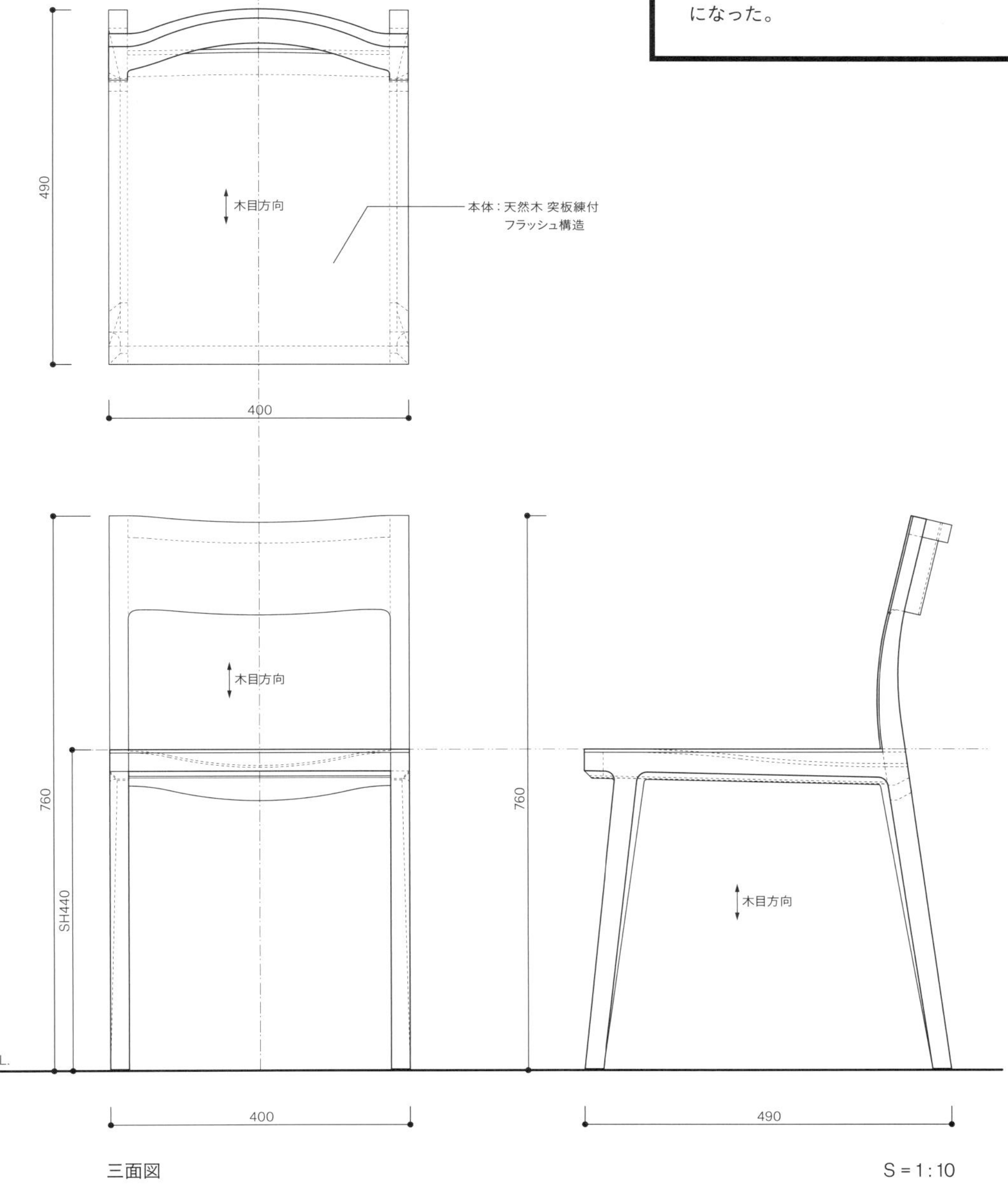

三面図　S=1:10

前頁：木製でありながら、継ぎ目のないソリッドなフォルム。椅子の側面の木目が背もたれから座面、脚にかけてひとつの面になり木目も縦方向につながっている。
21頁：背もたれの裏面は、機能的にも構造的にも面材が必要でないために貼られていない。そのため、背もたれは2.3mm厚の薄い面材のみになっている。身体を預けるとわずかにたわむ。

内田洋行
+ Re:吉野と暮らす会
+ パワープレイス

地域産材でつくる
自分で組み立てるつくえ

Assemble-It-Yourself Desks Made of Local Wood

接着剤としてのデザイン

学校生活をともに過ごす机こそ、地域や社会のつながりが実感できるものを使ってもらいたいと、奈良県吉野町の木材関係者の有志が集まる「Re：吉野と暮らす会」が中心になり、吉野町立吉野中学校でのプロジェクトが誕生した。

生徒用机の脚部は、丈夫で長く使えるようスチール製に、天板部分は吉野ヒノキで制作。天板部分は生徒本人だけのものとして、入学時のワークショップで“自分”でつくり、卒業時には天板部分だけ外して持ち帰るプログラムになっている（天板は棚と一体化しており、そのままで自立した家具「一人膳」のように使用可能）。この取り組みは、町の事業として現在も継続され、地域と企業、地域内の産業、大人と子どもなど、さまざまなものを結び付ける地域経済循環の新しい仕組みとなった。

ひとつのデザインが、地域と企業、地域内の産業、大人と子どもなど、さまざまなものを結び付ける接着剤のような役割を担うことを目指した。

林業がさかんで木の町として知られる吉野にて、ヒノキの原木が集まる市場の様子。この地域にふさわしい生徒用机を用意しようとプロジェクトがスタートした。

生徒用机と椅子。机のヒノキ材は、部材の取り方によって、節があったりなかったりとさまざまな表情を見せる。同プロジェクトで椅子もデザインしており、机と同様にフレームはスチール製で、背もたれと座面は地域産のヒノキ材を使用している。柔らかな座り心地が生まれた。

机の天板部分は、入学時のワークショップで生徒一人ひとりが自ら組み立てる。素材は吉野ヒノキで5つのパーツでできている。地域の家具工房が誰でも簡単に組み立てられるように、木ダボとケーシングという簡易なジョイント金物で組む方法を考えてくれた。学校生活で最も身近な道具を、与えられるのではなく自分でつくることで、日常の道具に対する意識が変わっていく。

3年間使用した後は、生徒それぞれが机の天板部分を外して持ち帰る。脚フレームは継続して使用し、次の新1年生がまた新しい机（天板部分）をつくる。写真はプロジェクトがスタートした年度の卒業時の様子。

最初のコンセプトスケッチ。吉野のプロジェクトメンバーとの事前ミーティングで出された、卒業時に何か記念になるようなことがしたいとの要望がもとになっている。そこから、机全体を地域産材でつくるのではなく、負荷のかかる脚フレームはスチールパイプ製とし、天板と収納部のみ地域産材を使用、取り外しもできるというアイディアが生まれた。

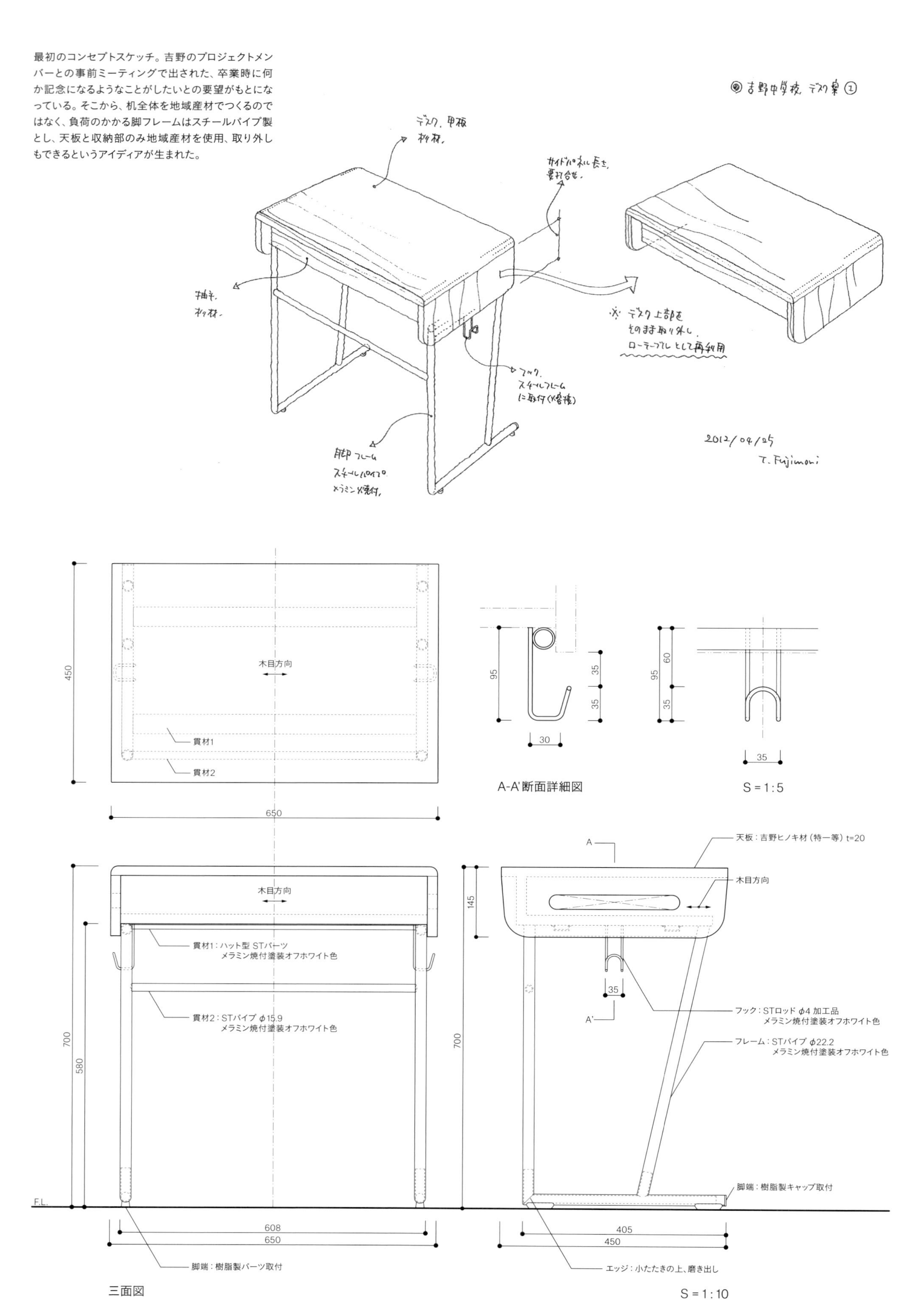

■生徒用つくえ

プロジェクト初年度のワークショップ後、自らつくった机を自分たちで教室に運んだときの風景。制作時にサンドペーパーでことさら丁寧に磨き上げていた少年は、愛着が湧いたのか教室でもずっと机を触り続けていた。

RUNE
ルネ

贅沢さをもたらす佇まい

値段が高くても、それだけの価値を感じられる贅沢な椅子、ダイニングチェアをつくりたいというメーカーのリクエストが始まりだった。“贅沢さ”とは何だろうとしばらく考えていたとき、大きな馬蹄形の背もたれを持つノルウェーの古い椅子に出会った。その包み込まれるようなゆったりとした背もたれを見ているうちに、ふとインスピレーションが湧いた。脚からすっと立ち上がったボリュームが、座面から馬蹄形の上部に向かってすり鉢状に広がっていくことで、椅子自体をそれほど大きくすることなく、身体をゆったり支える新しい椅子がつくれるのでは？ そしてそれはとても優雅なフォルムを生むのではないかと。

こうした発想から、具体的には、無垢材を細かくかつ複雑な角度で削り出し、つなぎ合わせていく緻密な作業により、3次元形状のシームレスで流れるようなフォルムが生み出された。実際に座ってみると、椅子の内部空間の中でいろいろな方向に自然に身体を預けることができ、まさに「全面背もたれ」というべき感覚が得られる。この身体感覚そのものが“贅沢さ”となり、この椅子に独特の佇まいをもたらしたと考えている。

最終形に近いコンセプトモデル（S＝1：5）。ボリューム模型（左）の上下をつなぎ合わせ、さらに必要のない部分を一筆書きのラインで削り取りながら椅子のフォルムを探していった。

最初のコンセプトモデル（S＝1：5）。大まかな寸法を押さえたうえで、身体を包み込むざっくりとした馬蹄形のボリュームを座面を境に上下に重ねてみることからスタートした。

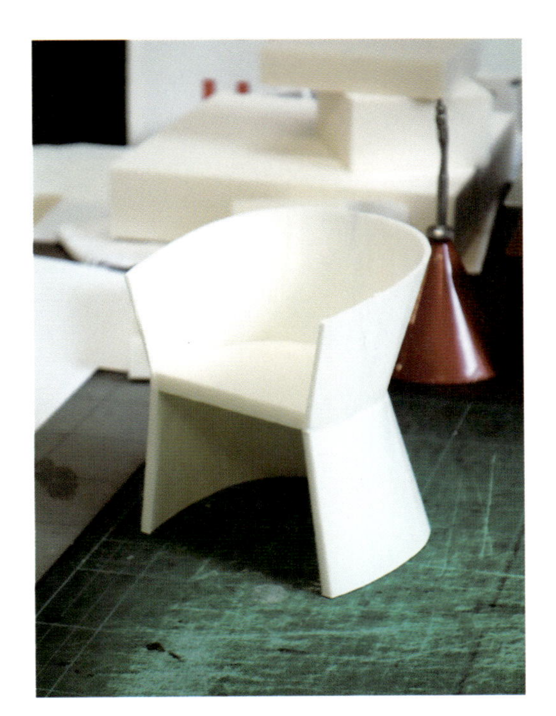

この椅子は、スケッチからではなく、ボリューム模型（前頁）をつくり3D／CADと行ったり来たりしながらスタディした。右は、模型によるスタディで椅子のイメージがある程度決まった後、具体的なフレームの構造を考え始めたときのスケッチ。

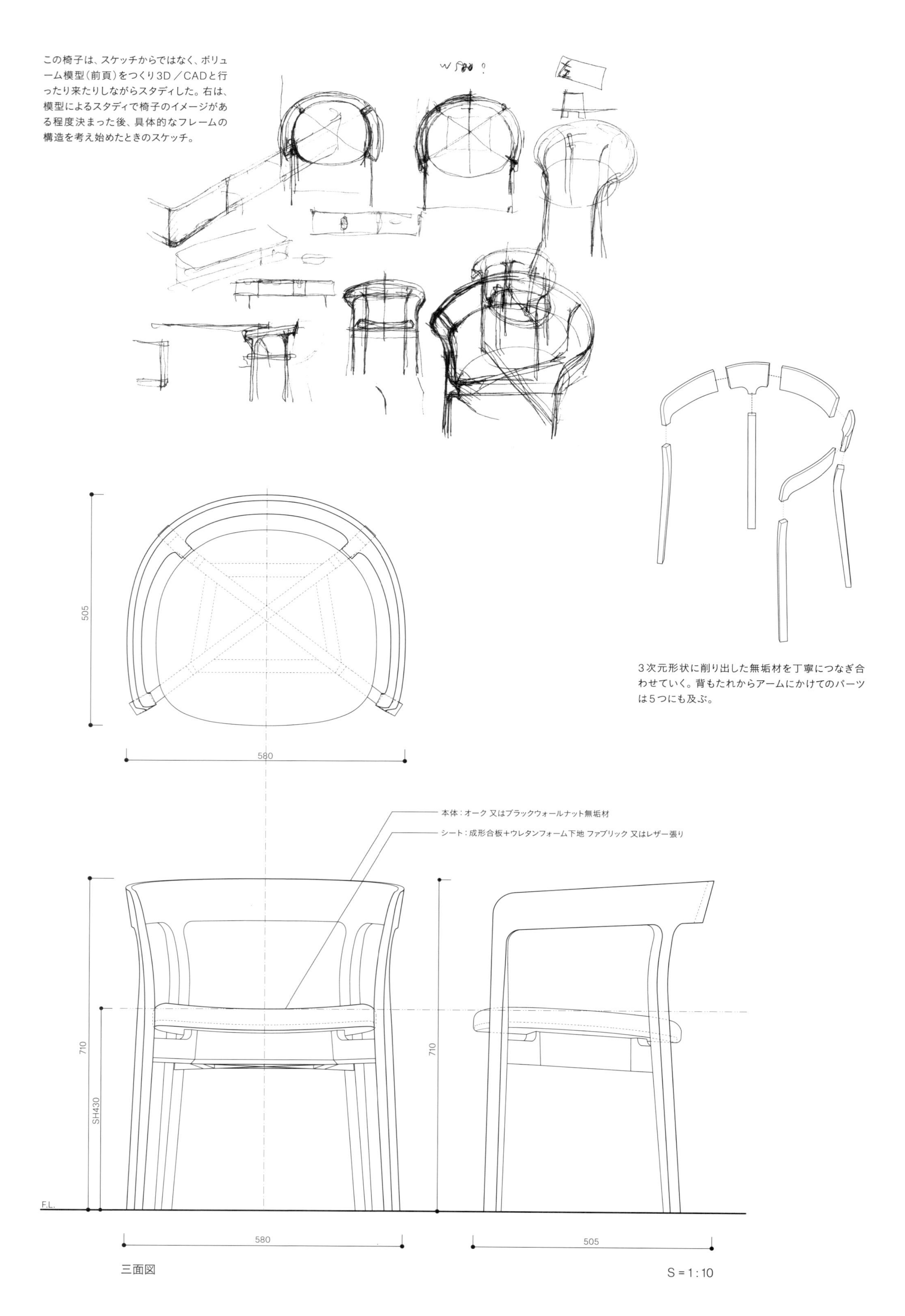

3次元形状に削り出した無垢材を丁寧につなぎ合わせていく。背もたれからアームにかけてのパーツは5つにも及ぶ。

三面図

椅子を正面から眺めると、脚元からアームにかけて、ラインがねじれながらつながっているのがわかる。ゆったりとすり鉢状に湾曲した背もたれも、これらはすべて曲げ加工ではなくNCルーター（コンピュータによる数値制御の切削機械）により、無垢材を削り出してつくっている。

OVERRIDE
オーバーライド

裏返しのプロダクト

天板は、端材として廃棄されたパーティクルボードを継ぎ合わせてひとつの面をつくっている。また表面には、メラミン化粧板のバッカー材の端材をあるルール設定のもと矩形の短手方向に短冊状に貼り、家具用オイルで磨き上げた。脚フレームは、天板の不均質な雰囲気に合わせ、スチール角パイプに溶融亜鉛メッキの上にリン酸処理を施した。

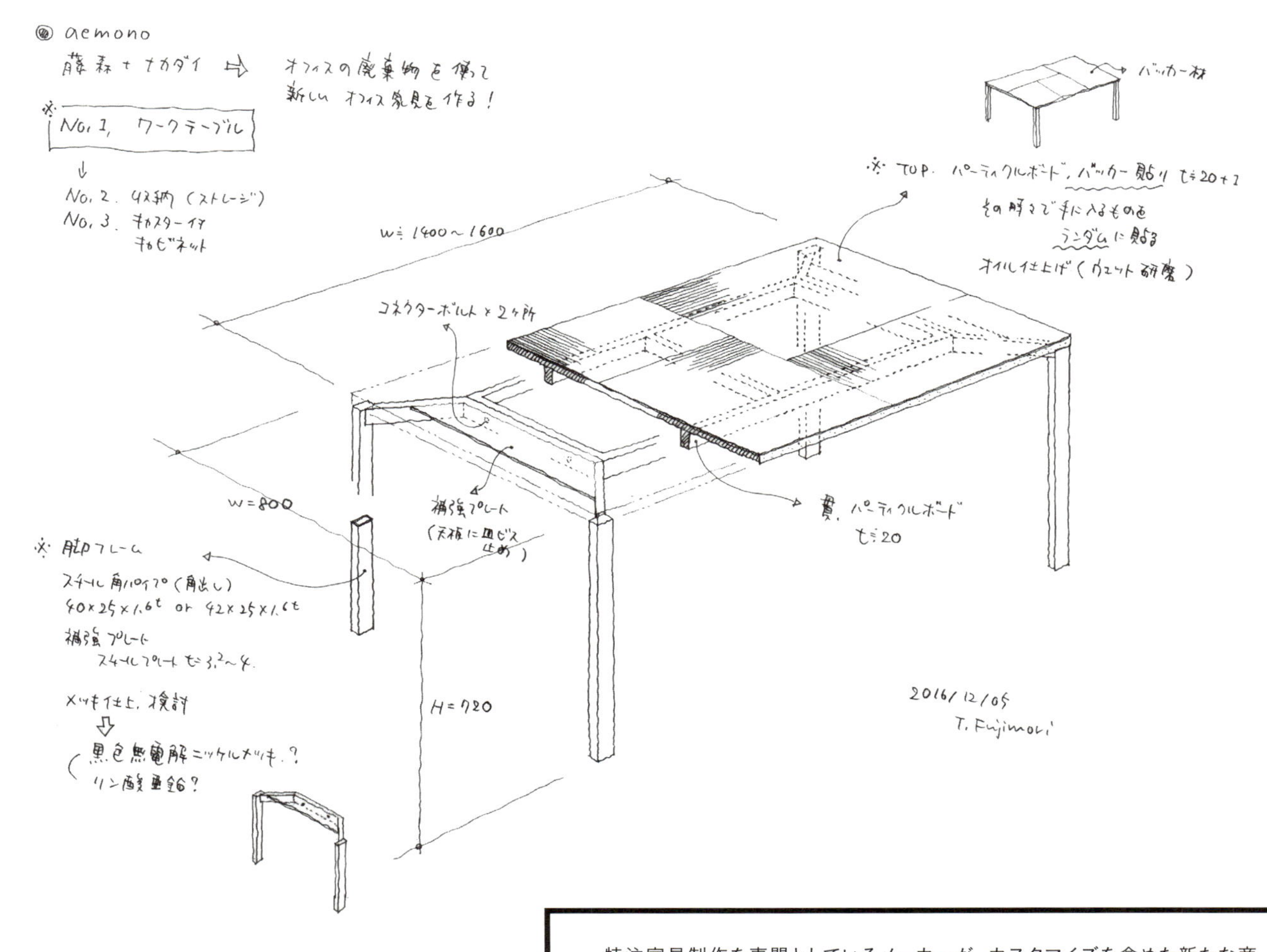

廃棄されたメラミン化粧板のバッカー材の端材（上左）。紙にフェノール樹脂を含浸させてつくられている。通常は板材にメラミン化粧板を貼る際に、板が反らないように裏面に貼る素材である。廃棄されたパーティクルボードの端材（上右）。解体された住宅の木材などを粉砕して固めた素材。初期アイディアのコンセプトスケッチ（下）。

特注家具制作を専門としているメーカーが、カスタマイズを含めた新たな商品の在り方や独自の伝え方を考えて販売していくプロジェクト「aemono」から、このプロダクトの開発が始まった。プロジェクトの担当者が、産業廃棄物を素材として流通させる企業「ナカダイ」を紹介してくれたことが大きかった。数回のミーティングの後、日頃から興味があって家具の素材として現しで使っていたパーティクルボードやメラミン化粧板のバッカー材がオフィス家具メーカーなどから大量に廃棄されることを知り、それらを使って新しいプロダクトができないかというアイディアが生まれた。こうした素材は通常はキッチンや家具の面材をつくる際に下地として使われているものである。つまり、普段の生活では隠れて見えなくなっている素材を、魅力的な主役として浮上させることを試みた。

オフィス家具メーカーから廃棄された素材で、オフィスで使えるテーブルをつくるという価値の反転、いわば裏返しのプロダクトである。

Laurus
ローラス

建築家とのプロジェクトなどで、比較的安価に数多くの種類の家具をつくるときによく使ってきた「合板」という素材で、スツールではなく背もたれのある椅子に取り組んでみたいと思った。ここで目指したのは、切り出した板材に最小限の操作を加えて組み上げるという、最もプリミティブな方法だからこそ可能になるスケールと形である。そのうえで、今の暮らしにフィットする椅子になること。そのために、まず板材によるノックダウンの家具という質を超えた座り心地のよさをつくり、さらには暮らしの中にもうひとつ加えてもいい椅子、主役としてのダイニングチェアではない脇役としての椅子の“在り方”を考えた。

この椅子は、その場で持ち帰ることができるフラットパックの状態で販売しており、セットになった8本のコネクターボルトでユーザーが自分で簡単に組み立てることが可能になっている。

名脇役としての椅子

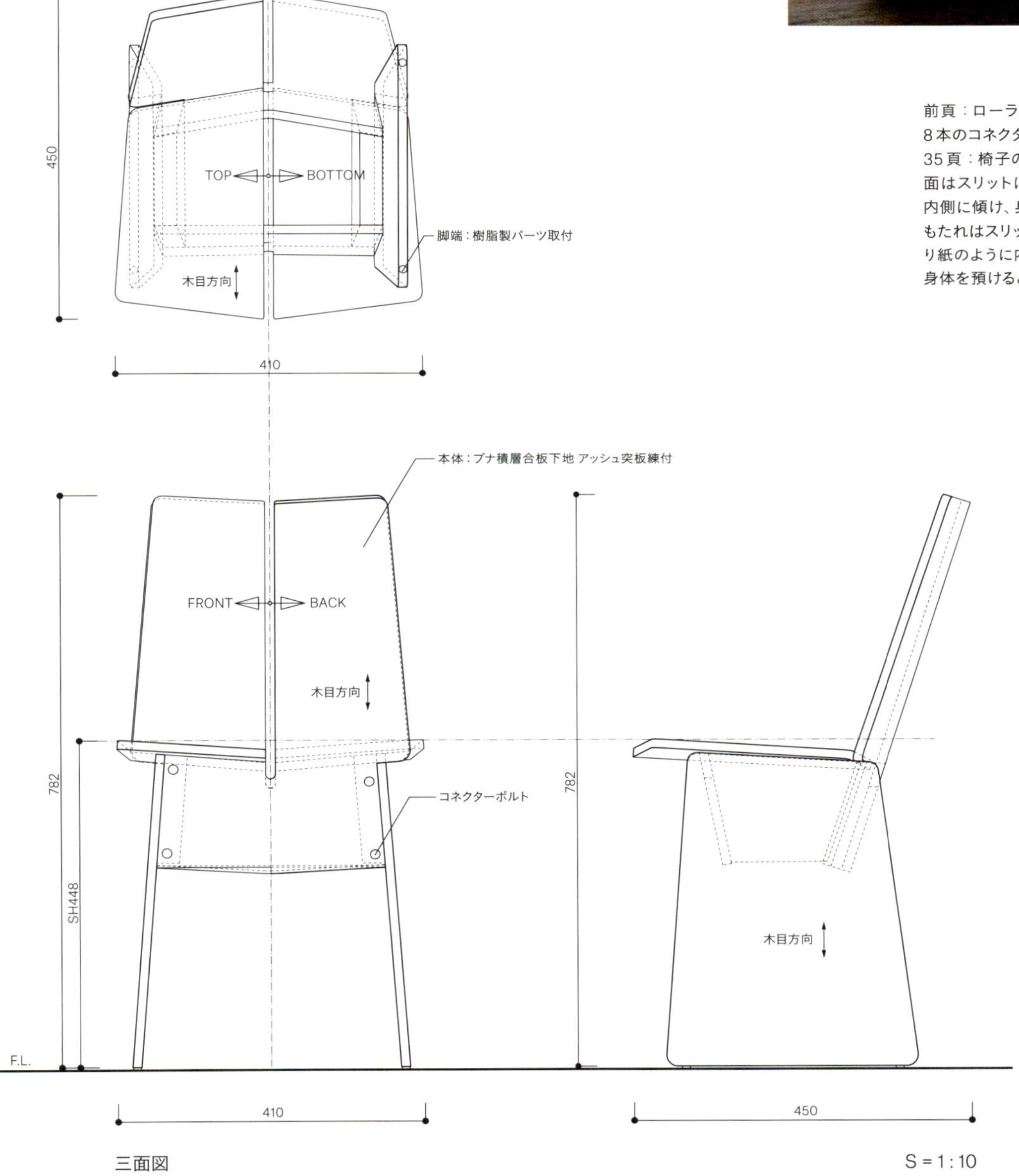

前頁：ローラスのすべてのパーツ。6つのパーツと8本のコネクターボルトでできている。
35頁：椅子のセンターにスリットが入っている。座面はスリットによって分けられた2つにのパーツを内側に傾け、身体へのタッチ感を柔らげている。背もたれはスリットを座面の下端で止め、両側から折り紙のように内側に曲げる成形加工を施している。身体を預けると柔らかくたわむ。

FURNITURE **09** 2012

Myrtle

マートル

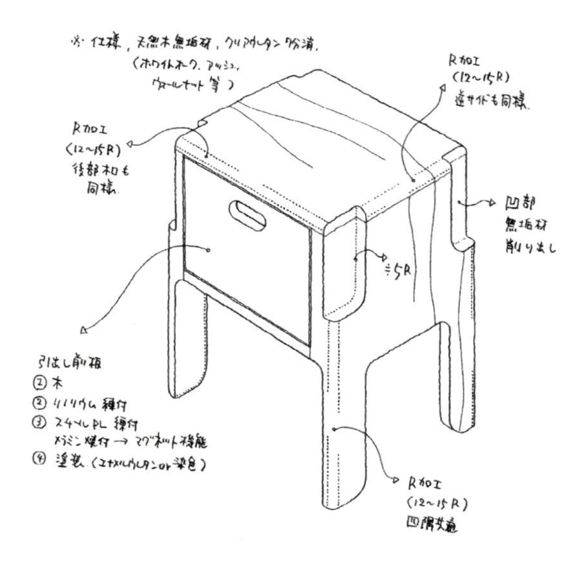

収納家具の在り方に興味があり、その後しばらく取り組むことになる最初のきっかけになった家具。使い手がもっと収納家具に能動的にコミットしていくこと、つまりは互いの関係性そのものを形にすることを考えていた。

「Myrtle（マートル）」と名付けたこの家具は、スツールでもあり収納家具でもある。単体では引き出しの付いた“スツール”として、そして数台積み重ねて置くと“チェスト”に変化する。生活空間に配置すると、雑多な小物をさっとしまいたいとき、そしてどこかに身体を預けたいときといった、私たちの日常の断片を、少しだが確実にサポートしてくれる存在となる。「座る」「収納する」「重ねる」という行為と結び付いた機能性そのものが、いつも身近にいるペットのようなユーモラスな表情を形づくっている。

初期アイディアのコンセプトスケッチ（上）。単体で使用すると引き出し付きのスツールとなる（中）。スツール両側の動物の耳のような凹みに、もうひとつのスツールの脚を差し込むことによってスタックする（下）。

前頁：スツールを1段ずつスタックし、4脚並べると引き出しが4杯付いたチェストのようになる。スタックする際にあえて少し空間をあけることで、その部分がオープン棚として機能する。

FURNITURE **10**　　2013

Lono

ロノ

身振りとしての収納家具

異なる大きさの3つの小さな箱を、地形のように段差やすきまを設けながら白いスチールシートで包み込み、そのボリュームに脚を付けて立ち上げた小さな収納家具である。こうした形式は、何の疑いもなく、ただ何かをしまい込むために箱形になってしまう収納家具への"問い"から生まれている。

収納するモノによって形が決まるのではなく、表情のある形が先にあり、そこに何を収納するかを考えたくなること。それを誘発すること。「Lono（ロノ）」のユニークな佇まいはそのためのきっかけであり、家具と使い手の関係性を再考するための"身振り"なのである。

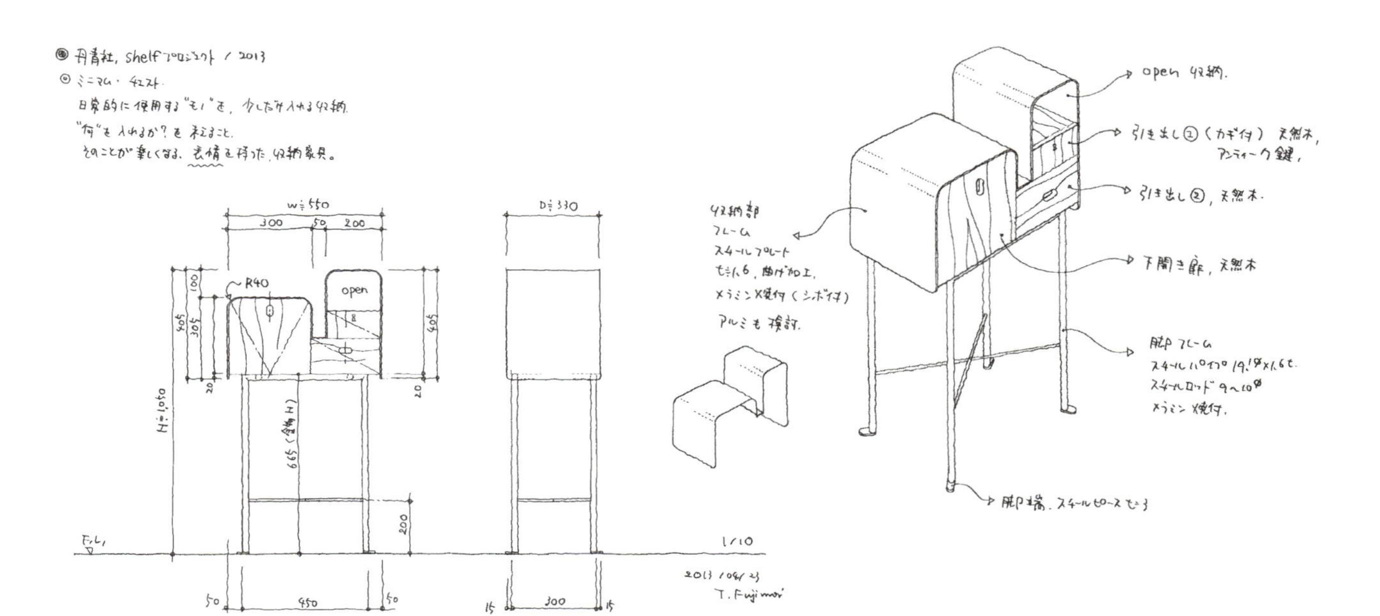

初期アイディアのコンセプトスケッチ（上）。スチールパイプで立ち上がったボリュームは、向かって左からやや大きめの下開き扉の収納、スチールシートによる空隙を挟んで右下に引き出し、その上に鍵付きの引き出し、そして一番高い箇所にオープン棚を設けている（下左）。3つの箱の扉の仕上げはすべて異なる樹種を使用している。脚部のディテール（下右）。脚端に取り付けた、靴を履いたようなスチールピースは、小さな収納のために四方に踏ん張る機能とともに、床面から自立させるという身振りとしての意味も込めている。

bichette
ビシェット

ひとりのための居場所

板面を手前に倒して、パーソナルデスクとして使用している状態。デスク上部には取り外して任意に設置可能なスチール棚が付いている。

初期アイディアのコンセプトスケッチ（上）。板面を閉じると雑多なものをしまうことができる。プライベートな使用を想定して鍵の引き手とした（普段は鍵穴に鍵を差したまま使用する）。板面の仕上げ（メラミン化粧板）が両面で異なるので、使用時と収納時に家具の表情も変化する（下左）。壁面側にもすきまなく設置できるように、脚フレームの張り出し寸法を前後で調整した（下右）。

ライティングビューローという、デスクになる板面が収納家具と組み合わさった家具に子どものころから憧れがあった。普段は収納家具だが、書き物などをするときに板面を倒すとデスクが現れ、その変化する様子がとても魅力的だった。ただかつてのものは、2つの機能を満たそうとすると、どうしても全体がそれなりのボリュームになってしまうものが多かった。ここでは“ひとりのための居場所”として、暮らしの中でもっと軽やかな存在、つまりは最小限のライティングビューローができないだろうかと考えた。

奥行きを極端に薄くすることで、その存在がより軽やかになった佇まいは、家のリビングやダイニング、あるいはもっと広い空間においても、パーソナルなもうひとつの小さな空間をつくることができる。そしてまた、デスクを伴う作業場所の新しい領域を示唆しているように思う。

apo
アポ

更新する家具

初期アイディアのコンセプトスケッチ。組み替え可能な円筒状の4つのオープン棚とひとつの脚フレームというシンプルな構成を考えていた。

◎ 丹青社P. 2017 (案)
※ スタッキング円柱型シェルフ
・各ユニットの入換え可能,
・各ユニットの取外しも可能,
TOP. リノリウム or フェニックス
※ W寸法(φ), 高さ, 要検討, 何を入れるか?
外部仕上, 天然木
オープン部, TOP
リノリウム or フェニックス
脚フレーム
スチールプレート + スチールパイプ
クロームメッキ仕上,
2017, 05/13
T.Fujimori

身体を預ける道具への感受性が、そのつくられた時代によって形式として現れているのが「椅子」だとすれば、「収納家具」は、生活におけるさまざまなモノとの関係性が、それを受けとめる器(うつわ)の形式として反映されているのがわかる。そう考えると、現代の自分たちの暮らし方にフィットする収納家具の形式がまだまだあるのではないだろうか。

この収納家具は、異なる高さの3つの円筒状の箱と、それを受けとめるリング状の2つの脚フレームからできている。それぞれが独立しているため、回転させることで360°どこからでも手を伸ばせ、スタッキングすることで高さを変えたり自由に組み替えたりすることも可能である。また、いくつかに分けて使うこともできる。設置場所や使い方によって、常に新しい表情が生まれ、そして更新していく家具の在り方を目指した。

最終的なパーツ構成(下)。円筒状の箱を扉式にし、脚フレームも2つ用意した。そのことで、スタッキング時に箱の間にオープン部をつくることができ(右)、収納スタイルの幅が格段に広がった。

SPACE **01** 2012

天津図書館

Tianjin Library

建築設計：
山本理顕設計工場
＋ 天津市都市計画設計研究院建築分院

距離のデザイン

中国天津市に新設された、延床面積58,154㎡、収蔵冊数600万冊という大規模な公共図書館のインテリアおよび家具計画。壁と一体になった本棚および壁面のサーフェイス（アルミパネル）デザインの他、独立書架や閲覧机、エントランスロビーの円形カウンターやベンチをデザインした。自身が参加したプロジェクトのなかでも、最も大規模な部類に入る施設だったこともあり、最初はその空間のスケール感が把握しきれず、何を手掛かりにデザインを進めればいいのか戸惑っていたことを憶えている。

図書館であることから、まず本棚のデザインを始めた。そして本棚を壁面と一体にしていく方針から壁面のサーフェイスデザインにも取り組むことになった。

ちょうどそのころ、この巨大な空間ならではの距離感、つまりは「近く」と「遠く」をデザインに取り込むことを思いついた。例えば、壁面のサーフェイスはそこで過ごす人間の身体感覚に呼応しているとすれば、空間のスケールや距離によって肌理（きめ）の大きさが変わってくるのではないか。本棚の棚ピッチに合わせた比較的大きめの壁面パネルユニットは、そうした意識から生まれた。近くで見ると大きいが、遠く離れれば日常的なインテリアにおける小さなレンガのような密度にも見えてくる。壁面本棚の異様に薄いスチールの方立ては、本が入った状態で遠く離れるとその存在が消え、本の壁が現れる。また、カウンターやベンチなどの身体に触れる家具を構成する細いスチールロッドの連続も、その細さゆえに距離を取れば紗幕のようにふっと消えていく。

「近く」と「遠く」という互いの間に存在する距離のグラデーションを引き受ける、繊細だが力強いデザインを目指した。

高さ約24mの吹き抜け空間。中央に配置された円形の総合案内カウンターに呼応するようにカーブしながら、波紋のように広がっていく長いベンチ。直線で構成された空間とのコントラストが、互いの存在を際立たせている。

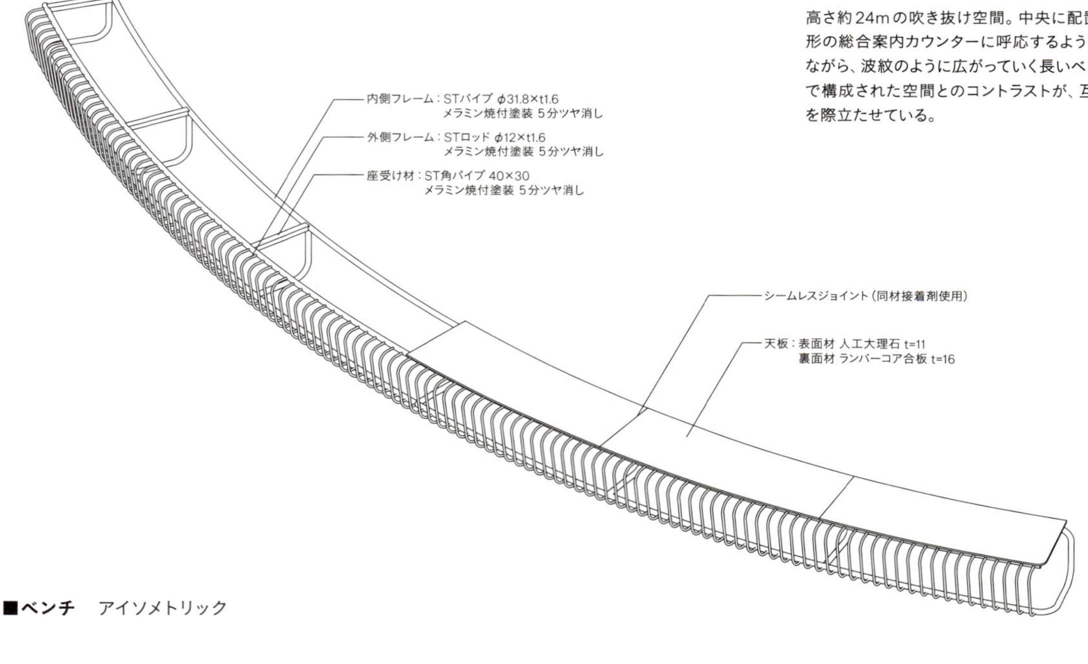

■**ベンチ**　アイソメトリック

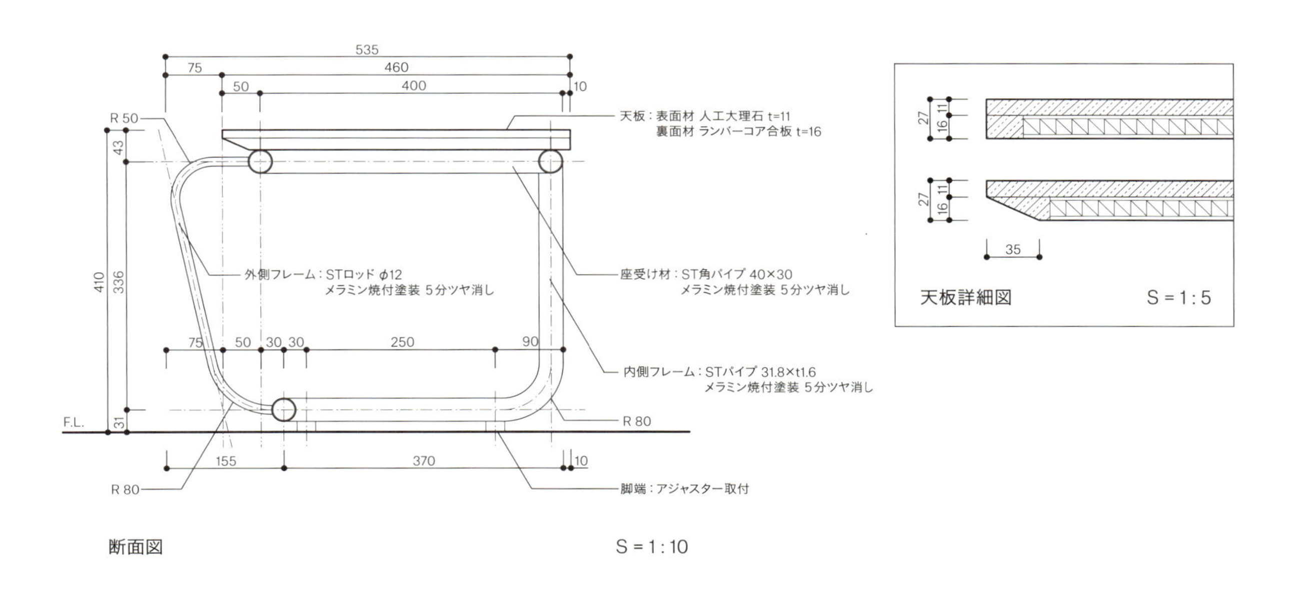

断面図 S = 1 : 10

天板詳細図 S = 1 : 5

東西をつなぐ本棚壁は、図書館の象徴的な存在として、また吹き抜け空間のどこからでも認識できるため、自分の位置を確認するランドマークにもなっている。

駅や空港のコンコースのようなインテリア空間。建築のサーフェイス、つまり肌理をつくる壁面パネル（アルミパネル）は、ツヤのある塗装を施している。光や互いの壁が映り込み、時間帯によってさまざまな表情を見せる。

壁と一体になった本棚は、垂直ラインの方立てが4.5mmのスチールプレートでできている。本が入るとその存在は消え、棚板の水平ラインが強調される。まるで本で仕上げたかのような壁となる。

北西側外観(上)。内部の壁面パネルは、板チョコレートのように四方にテーパーをつけて立ち上がりをつくった。その高さ違いのものが2種類とテーパーなしの計3種をランダムに配置している(下)。

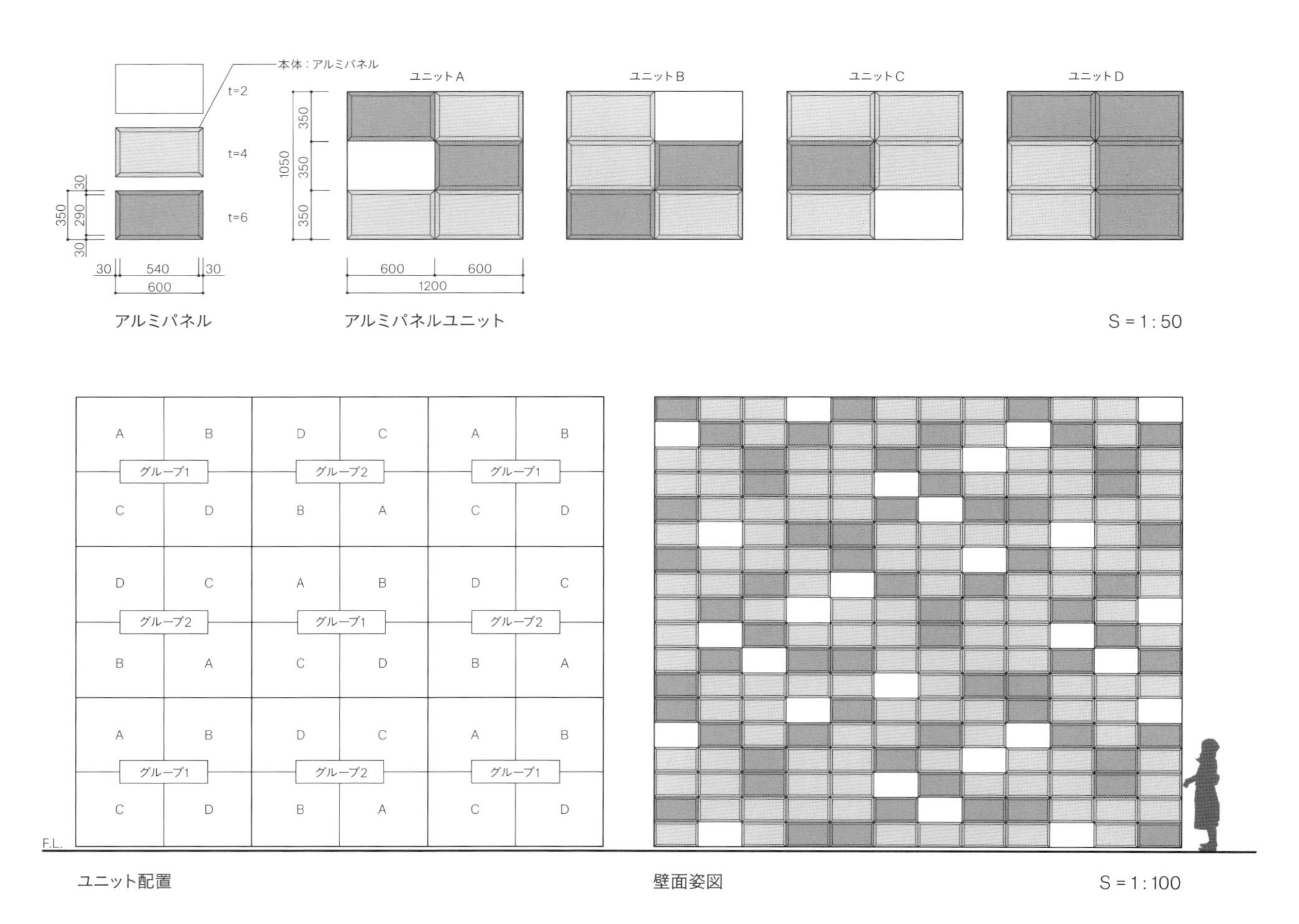

■壁面パネル

壁面本棚は、方立てを壁面に固定した後、背板を取り付け、最後に棚板をダボにて設置している。棚の素材は、不燃仕様が必要な箇所はスチールの板金加工、その他は竹集成材を使用した。

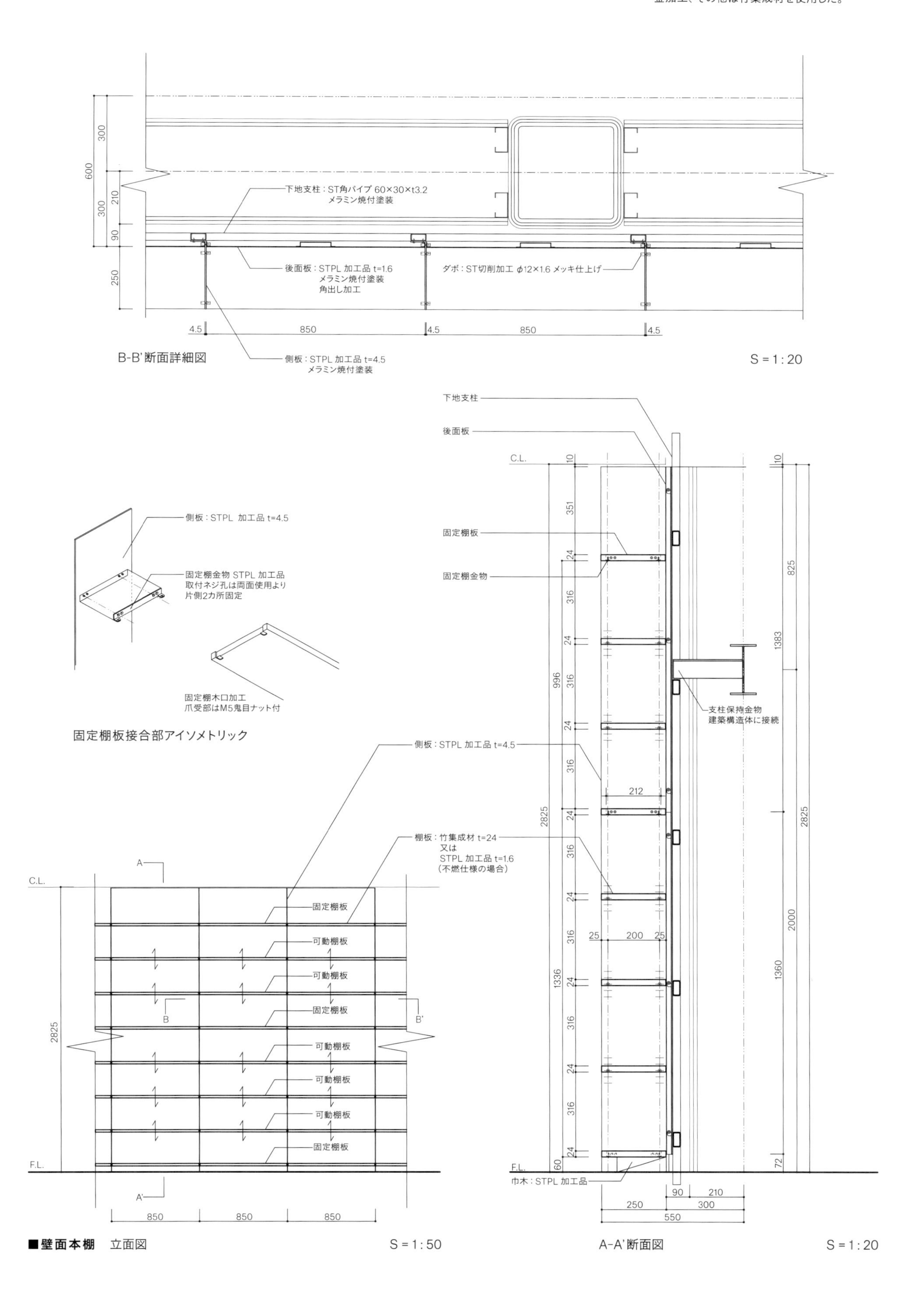

SPACE **02**　2017

建築設計：
塩塚隆生アトリエ

竹田市立図書館
Taketa City Library

風が吹き抜ける本棚

建築家から家具デザインの依頼を受けた際、年中一定方向から風が吹くという地域の特性を生かした、施設を通り抜ける風の流れに沿った本棚のプランを受け取った。ここでの家具計画は、そのゆるやかに曲線を描いていた本棚を、空間と対峙しながらどう魅力的に具体化するかが大きなテーマになった。

実際には、さまざまな曲率をつくる必要があったため、本棚をいったん直線のユニットに分割し、それぞれをスチール製のジョイントパーツでつないでいくことを考えた。数種類のジョイントパーツをつくれば、ユニットの平面形状は同じでありながらレイアウトに応じて曲率を変化させていくことが可能になるのである。また、ジョイントパーツの高さを抑えることでユニット間に“すきま”が生まれ、連続する本棚でありながら向かい側の気配が感じられる軽やかな佇まいとなった。

一方で、本の視認性と取りやすさから本棚の下部３段のみに傾斜をつけている。そしてそれが上方向に自然につながるように本棚の側板(断面)は台形形状にした。平面としての曲線と立面としての斜めのラインが相まって、本棚の間を歩くと渓谷にいるようなダイナミックなうねりを感じる。素材は、地域産材である杉材を幅15mmに割いて新たな集成材をつくった。それにより、既製材では感じることができない「新しい杉の魅力」が立ち上がった。一番高い本棚は約3.4mあり、この図書館のランドマークとなっている。

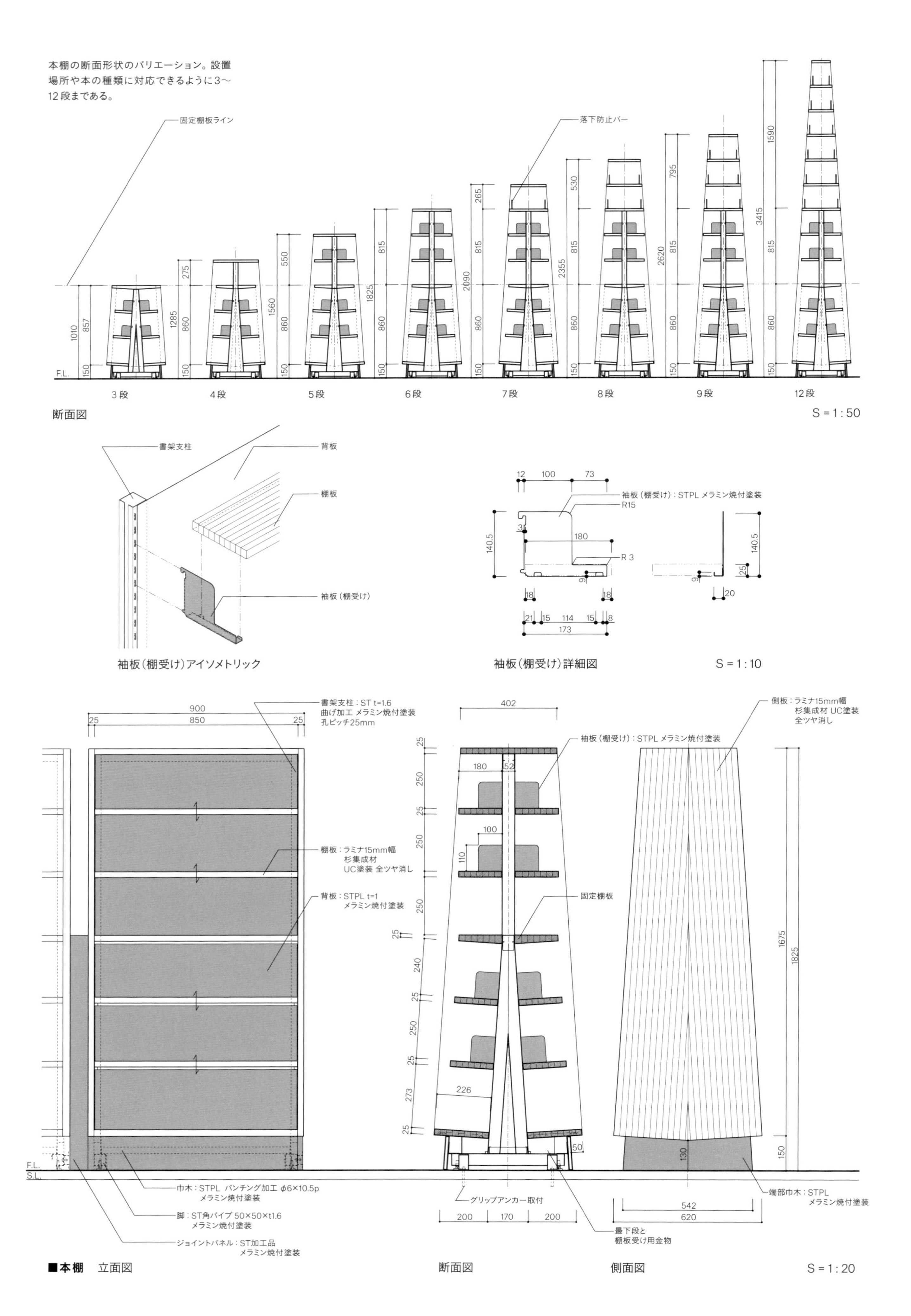
本棚の断面形状のバリエーション。設置場所や本の種類に対応できるように3〜12段まである。
固定棚板ライン
落下防止バー
3段
4段
5段
6段
7段
8段
9段
12段
断面図
S＝1:50
書架支柱
背板
棚板
袖板（棚受け）
袖板（棚受け）アイソメトリック
袖板（棚受け）：STPL メラミン焼付塗装
袖板（棚受け）詳細図
S＝1:10
書架支柱：ST t=1.6
曲げ加工 メラミン焼付塗装
孔ピッチ25mm
棚板：ラミナ15mm幅
杉集成材
UC塗装 全ツヤ消し
背板：STPL t=1
メラミン焼付塗装
巾木：STPL パンチング加工 φ6×10.5p
メラミン焼付塗装
脚：ST角パイプ 50×50×t1.6
メラミン焼付塗装
ジョイントパネル：ST加工品
メラミン焼付塗装
袖板（棚受け）：STPL メラミン焼付塗装
固定棚板
グリップアンカー取付
最下段と
棚板受け用金物
側板：ラミナ15mm幅
杉集成材 UC塗装
全ツヤ消し
端部巾木：STPL
メラミン焼付塗装
■本棚 立面図
断面図
側面図
S＝1:20

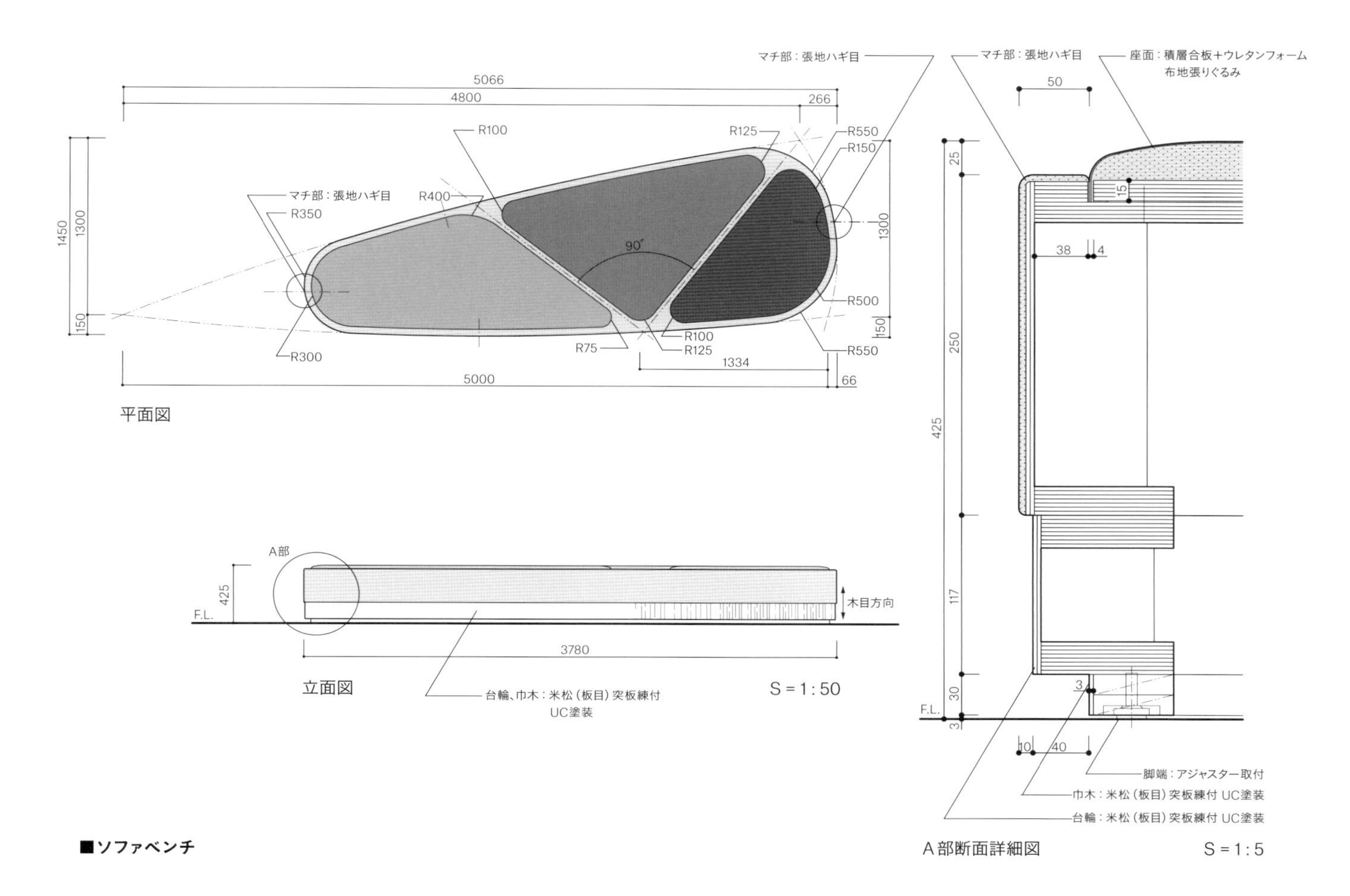

■ソファベンチ

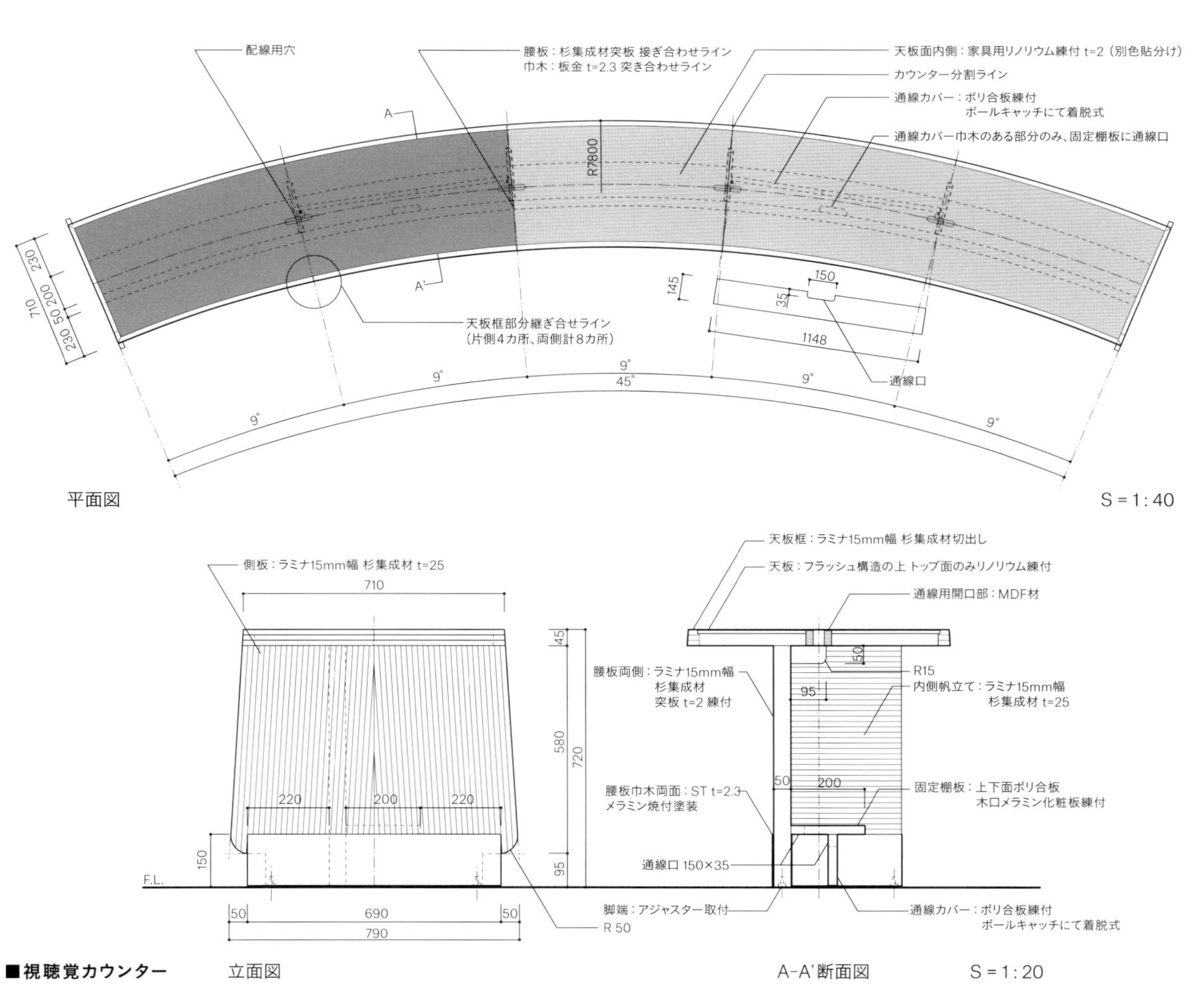

■視聴覚カウンター

児童書を中心とした南側の開架エリア(上)。本棚と同じ杉集成材を使用している検索カウンター。カウンタートップは家具用リノリウム(左)。

本棚の側板は、上に向かって細くなる台形形状になっており、連続するとゆるやかなすり鉢状の法面が現れる。

北側開架書架の上部。本棚のユニット間にすきまがあり、視線や空気の流れ、光の抜けをつくる。1,800mm以上の高さのある本棚上部は背板がなく抜けており、高さがあっても圧迫感がない。イベントのときなどに展示品を置くこともできる。

西側外観

1階平面図

S＝1：600

環境解析により、図書館の敷地は、一年中南西から北東への風が吹いていることがわかり、建築もこの両方向の角の窓をフルオープンできるように設計されている。本棚はその風の流れに沿ってレイアウトし、同時に来場者を建築にゆるやかに誘導する装置としても機能している。

建築設計：
伊東豊雄建築設計事務所
＋清水建設

iCLA 山梨学院大学 国際リベラルアーツ学部棟

Yamanashi Gakuin University
International College of Liberal Arts

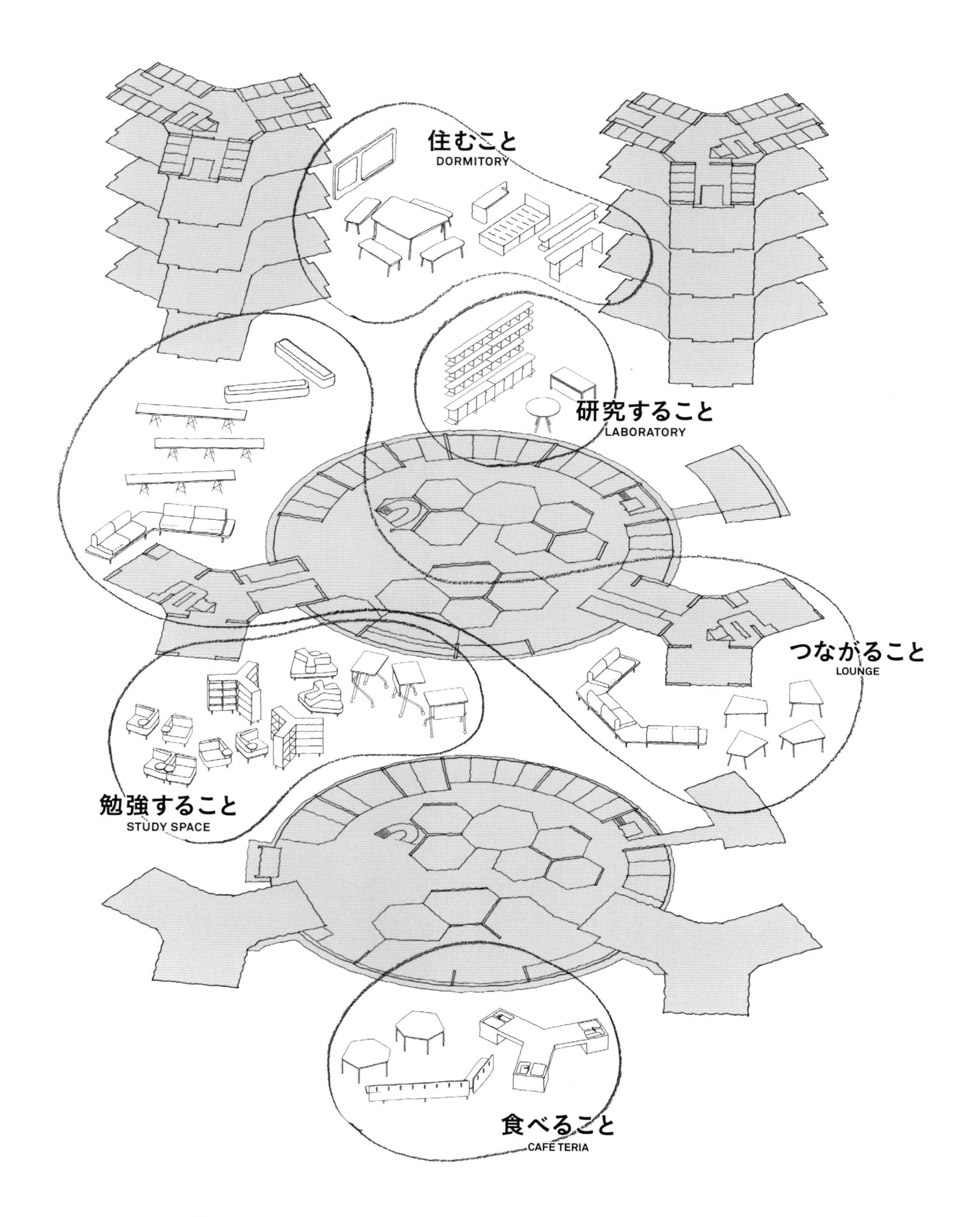

ひとつ屋根の下で生活をおくる

山梨学院大学に新設されたiCLA 山梨学院大学国際リベラルアーツ学部棟の家具計画。全寮制のため、学生そして先生たちが「ひとつ屋根の下で生活をおくる」というコンセプトのもと、寮室、教室、研究室、図書室、学習室、カフェテリア、ロビー等におけるすべての家具をデザインしている。これは言い換えれば、ともに住み、ともに勉強し、ともに研究し、ともに食べながら、学生同士も先生もつながっていくという大学生活そのものを、家具で丁寧にサポートしていくことでもあった。

カフェテリアや研究室からなる透明性の高い円形の低層(3階建て)の建物を中心に、垂直性の強い2つの三つまた形状の寮棟が両側からジョイントするような形式の建築は、外観から受ける強い印象に比べて内部空間は柔らかくシームレスにつながっていた。意外な方向に導かれると同時に空間や動線の接続点が居場所になっており、それが自由さと安心感を生んでいると感じた。ゆえに家具も、アクセスする方向を自由にするために正面性をなくしたり、変形させたり、配置をずらしたり、抜けをつくったり、可動性を持たせたり、道具としての機能性をきちんと担保しながら、場所に応じて一つひとつ考えていった。

また、素材は自然素材を主としているが、ところどころにカラフルな色を織り交ぜた。日常見慣れているモノの形と色の関係を少しずらすことで、新しい大学らしい自由な雰囲気を感じてほしかった。

外観。教室、研究室、カフェテリアが配置された円形校舎(3階建て)の両脇に自習室などを含む学生寮(7階建て)が連結。

テーブルの天板を杉の無垢材に統一しながらさまざまなスタイルの席を用意した(左)。椅子はRuca(112頁)のアッシュ材ナチュラルとブラックの2種を織り交ぜて配置している(下)。

食べること

CAFE TERIA

カフェテリア内にある三つまたの平面形状を持つセルフキッチン。三方向すべてにシンクとIH調理器が組み込まれており、学生たちが自由に使うことができる。イベント時にはキッチンスタジオとしても機能する。

教室などの各部屋をつなぐ動線上の空間に置かれたカウンターテーブル。円形の建物外周（窓側）に対して少しずらしながら直交するように設置した。間口が広く奥行きが狭めなので、椅子はテーブルを挟んで互い違いに置いている。個人で使用していて、利用者同士の関係が成立しやすい距離感をつくった。これは、日本のとある古い居酒屋のテーブルからヒントを得た。天板は杉中空パネルを使用し、木口にコンセントが組み込まれている。

つながること
LOUNGE

共有スペースであるロビー空間に設置したラウンジベンチ。方向性のないプランに対応するべく、360°の方向からアクセスできるような形状とし、シャッフルして投げ出したようなレイアウトにした。本体の素材はMDF材。積層させてボリュームをつくり、上下のエッジを面取りするように削り出している。短時間ちょっと腰掛けるような身振りを誘発している。座面には家具用リノリウムを練り付けている。ベンチとしてはかなりの重量があるが、かえってそのことがレイアウトを保持する機能となった。

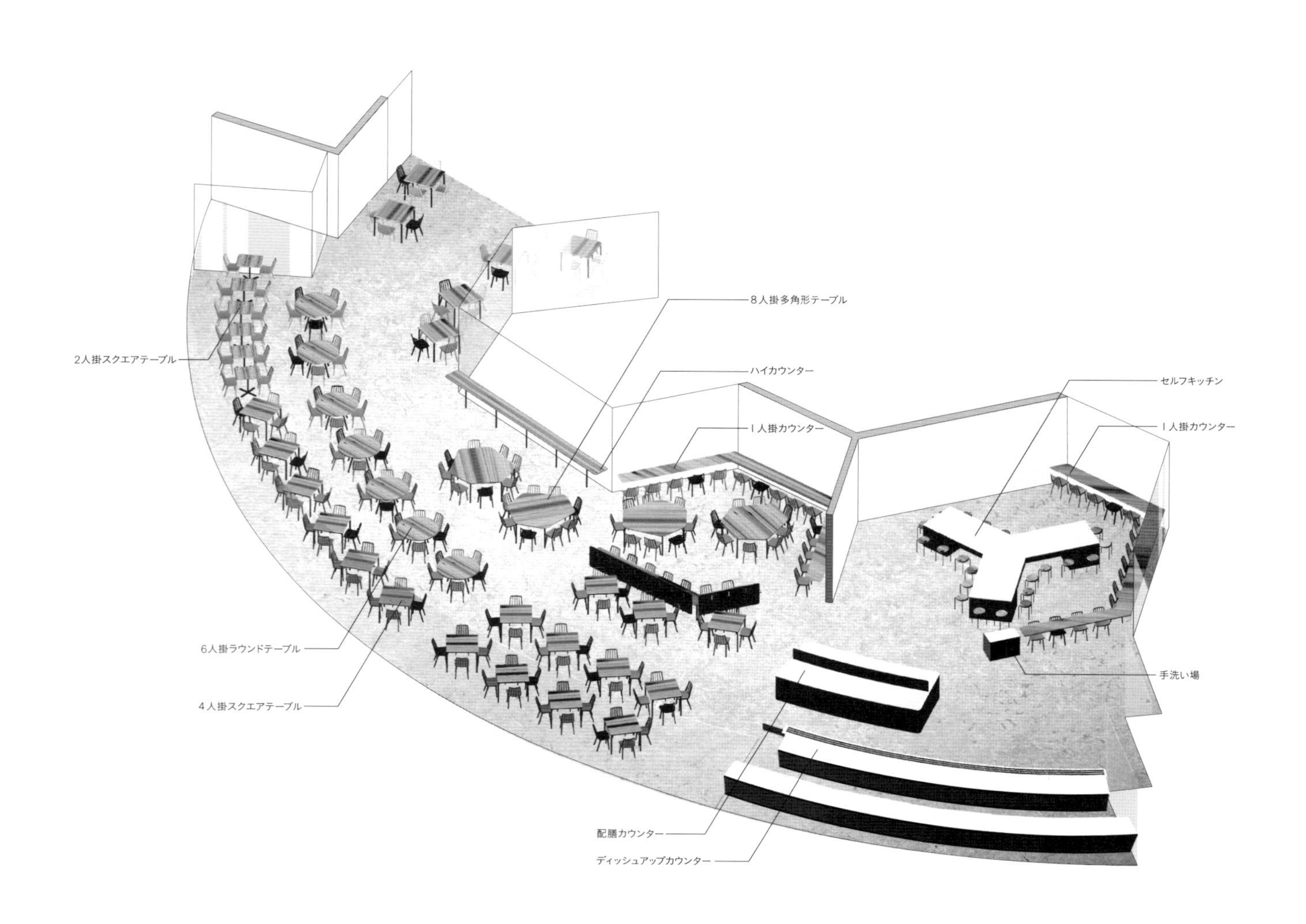

カフェテリアの全体計画。2人掛けおよび4人掛けの矩形のテーブル、6人掛けの円形テーブル、8人掛けの変形6角形の大テーブル、そしてローカウンターやハイカウンターなど、個人や数人での食事、軽いミーティングといった用途や利用人数によってさまざまな席を選択できる。三つまた形状のセルフキッチンや、配膳カウンターもテーブル席とシームレスにつなぎ、フリーアドレスの居心地のよいオフィス空間のようにインテリアを構成していった。

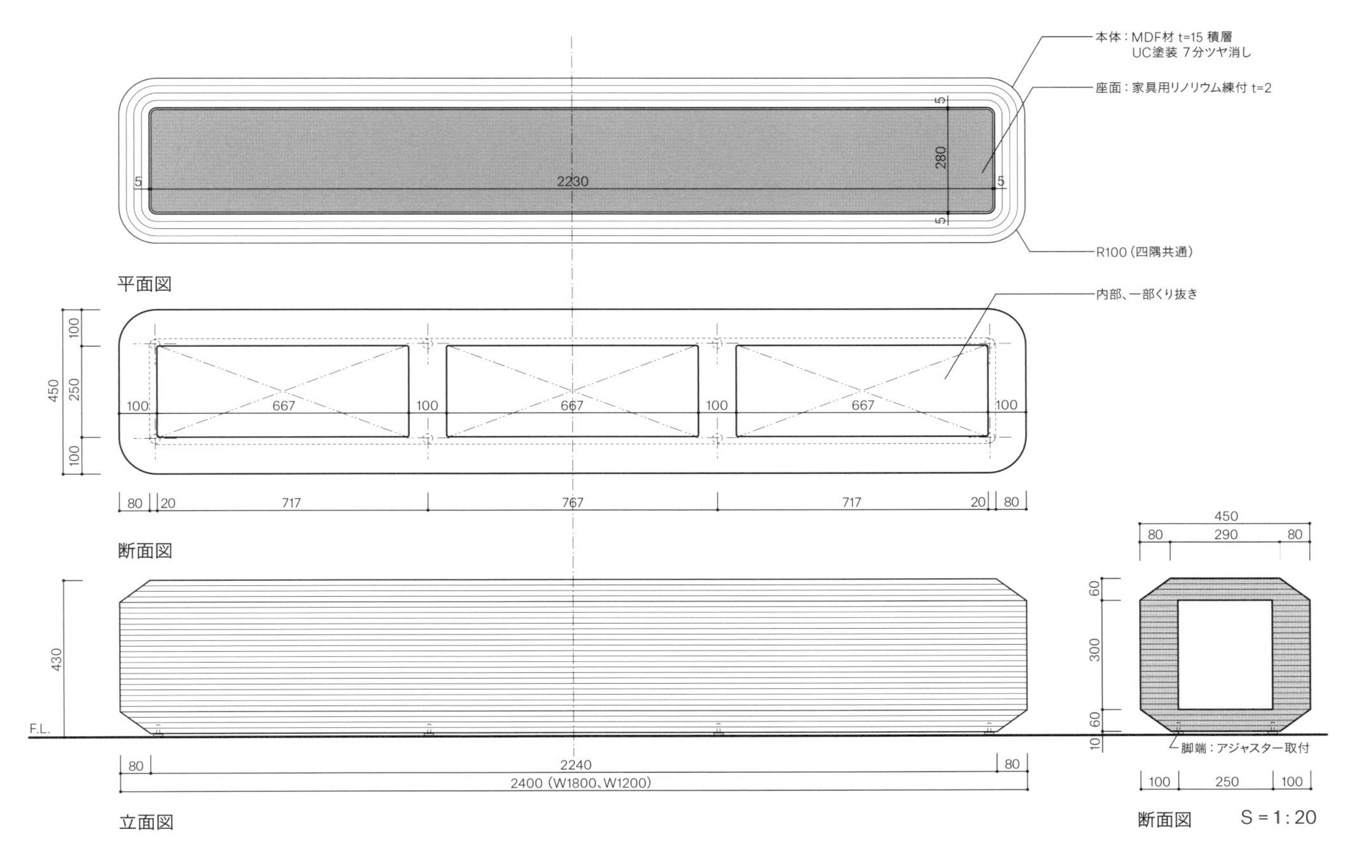

■ラウンジベンチ

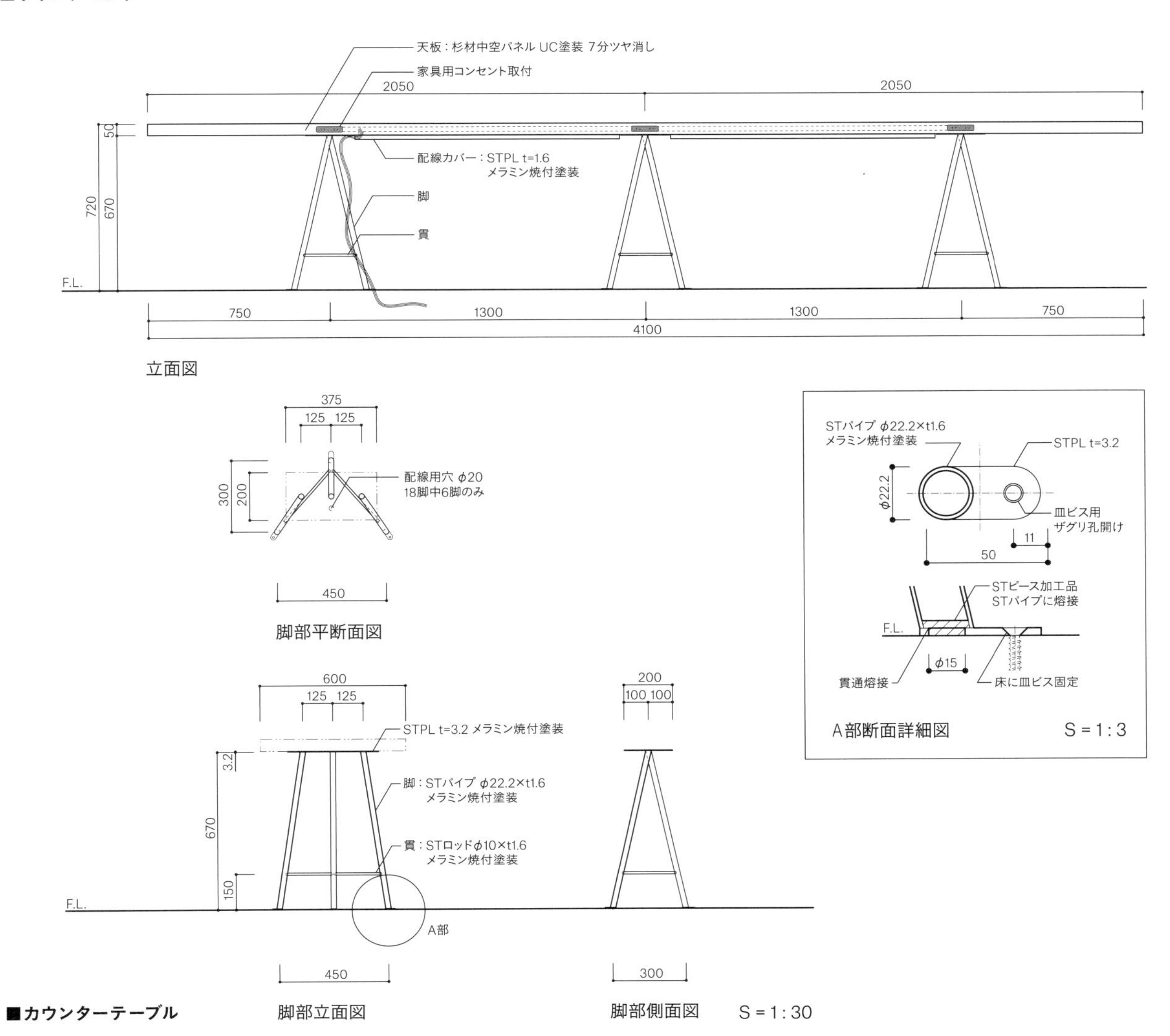

■カウンターテーブル

研究すること
LABORATORY

ガラス張りの研究室に設置された壁面棚(上)。大量にある研究資料のために壁面全体に収納家具が求められたが、圧迫感が生じ、この開放的な研究室に合わないと思った。そこで、収納をカウンターと数台の吊り棚に分節し、それぞれすきまをあけながら設置した。収納物がそれほどない場合には壁面が現れて軽やかな印象になり、大量にある場合はその"すきま"も棚として機能する。カウンターと吊り棚双方の端部は、上下の板を張り出させることによって、箱としてのボリューム感を軽減している(下)。

勉強すること
STUDY SPACE

LAC(言語学習センター)に置かれた三つまた形状のソファ。三方向からのアクセスが可能。一般的なソファは、1人が座っていると隣に座りづらいが、このソファは、座面の領域が三つまたの背もたれによってしっかりと分けられているため、数人が同時に使用することができる。

各教室における、個人用のデスク。海外からの留学生も多く、身体の大きさもさまざまであるため、デスク下の下肢空間を可能な限り広くするフレーム構成になっている。幕板のMDF材にはカラフルな染色塗装を施し、使用する教室によって色分けすることで場所のサインにもなっている。キャスター付き。

寮室の家具。必要最低限の設えでありながらも、楽しく快適に過ごせるように心がけた。小さな空間に圧迫感を与えないように、ここでも各家具は箱としてのボリューム感を出さない構成としている。MDF材で統一した家具の一部に色を入れていることも、そのための工夫のひとつである。

住むこと
DORMITORY

8室をワンユニットとする寮室の中央にある共用空間。それぞれの個室に出入りする際に必ず通るため、家庭のリビングのような場になっている。より活動的で自由な使い方ができるように、変形台形の大きなテーブルとベンチ、そして壁面側にはホワイトボードと掲示板(ブルテンボード)を設置した。

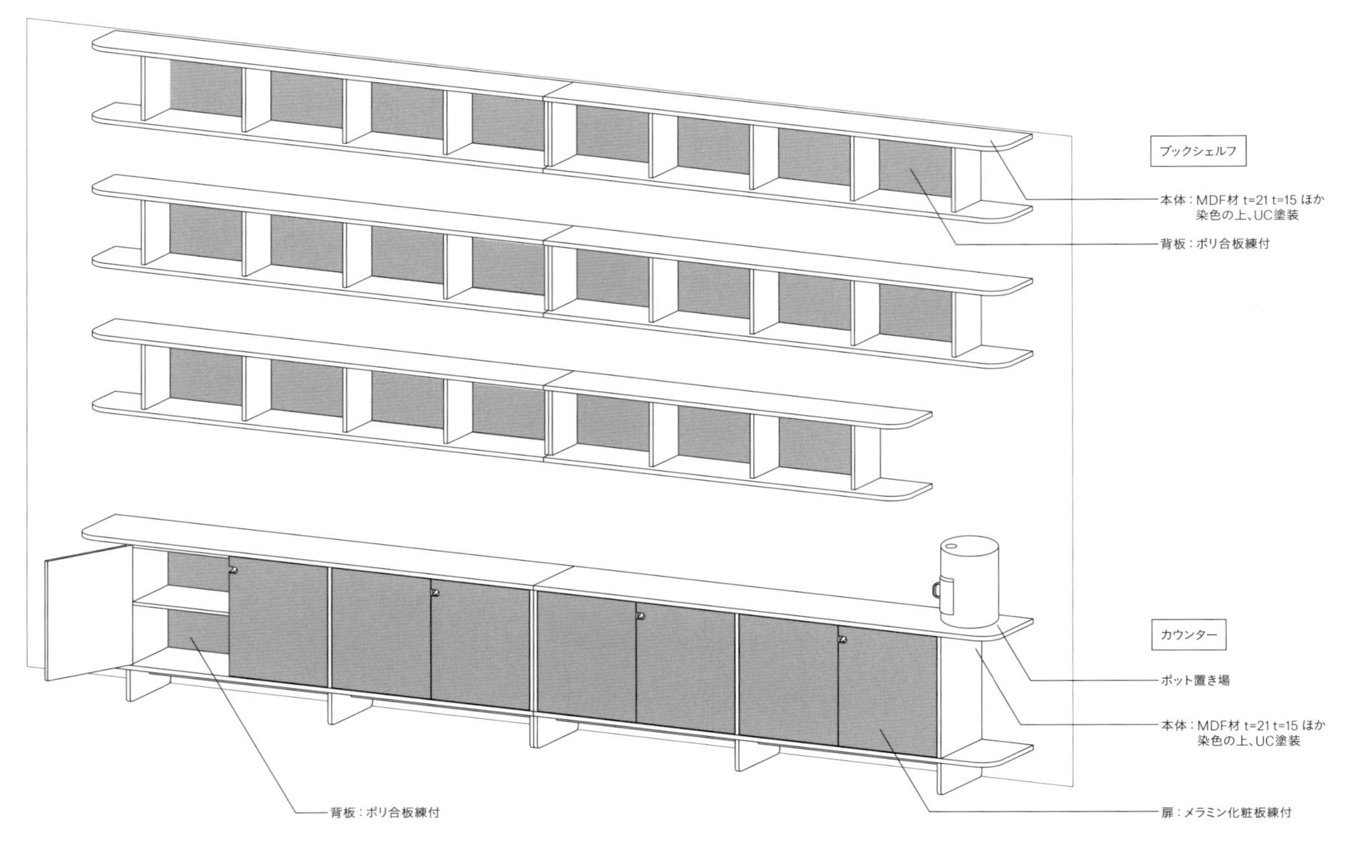

■**研究室壁面棚**　アイソメトリック

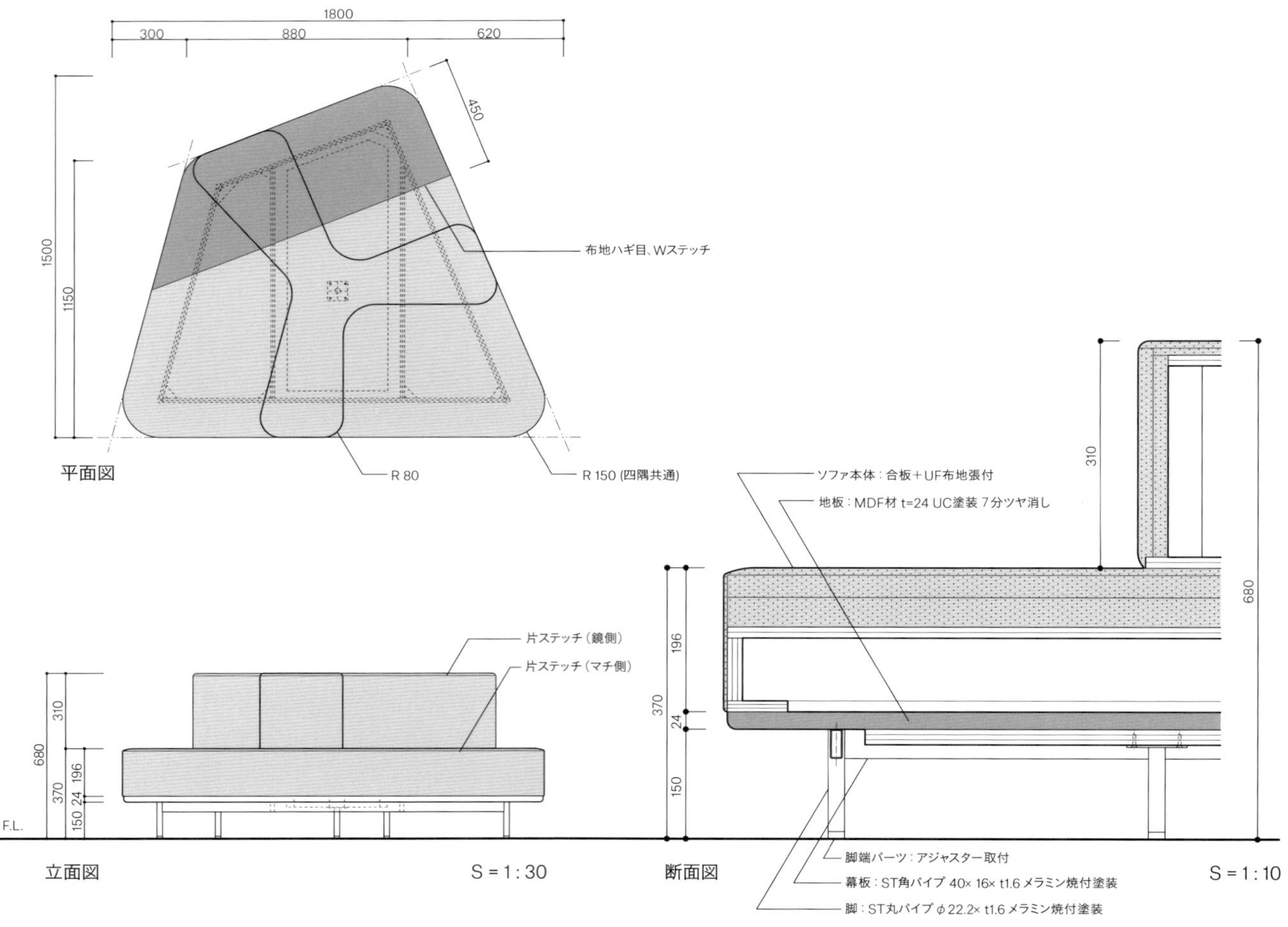

■**ソファ**

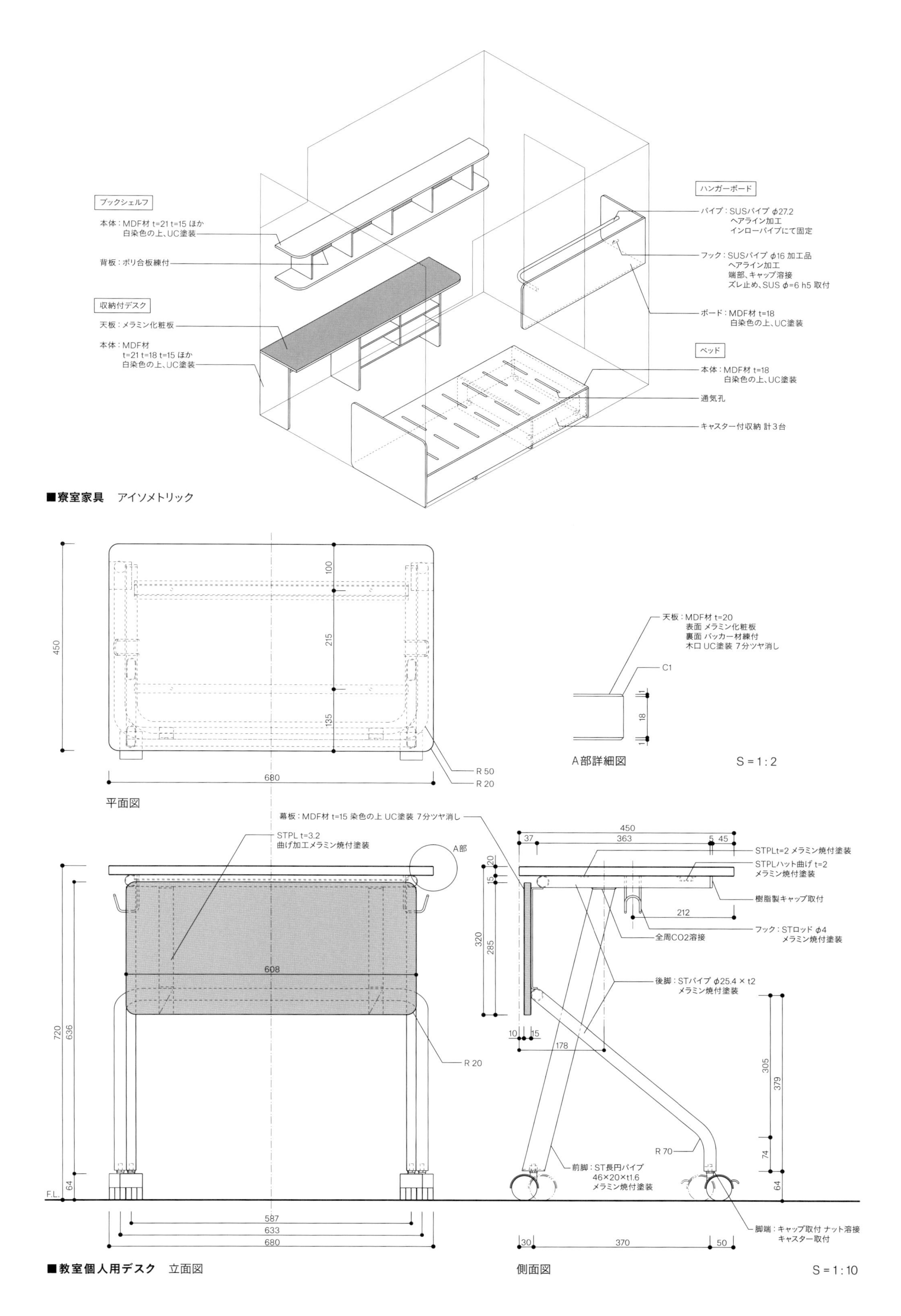
ブックシェルフ
本体：MDF材 t=21 t=15 ほか
白染色の上、UC塗装
背板：ポリ合板練付
収納付デスク
天板：メラミン化粧板
本体：MDF材
t=21 t=18 t=15 ほか
白染色の上、UC塗装
ハンガーボード
パイプ：SUSパイプ φ27.2
ヘアライン加工
インローパイプにて固定
フック：SUSパイプ φ16 加工品
ヘアライン加工
端部、キャップ溶接
ズレ止め、SUS φ=6 h5 取付
ボード：MDF材 t=18
白染色の上、UC塗装
ベッド
本体：MDF材 t=18
白染色の上、UC塗装
通気孔
キャスター付収納 計3台
■寮室家具　アイソメトリック
天板：MDF材 t=20
表面 メラミン化粧板
裏面 バッカー材練付
木口 UC塗装 7分ツヤ消し
C1
A部詳細図
S＝1:2
平面図
R 50
R 20
幕板：MDF材 t=15 染色の上 UC塗装 7分ツヤ消し
STPL t=3.2
曲げ加工メラミン焼付塗装
A部
R 20
F.L.
STPLt=2 メラミン焼付塗装
STPLハット曲げ t=2
メラミン焼付塗装
樹脂製キャップ取付
フック：STロッド φ4
メラミン焼付塗装
全周CO2溶接
後脚：STパイプ φ25.4 × t2
メラミン焼付塗装
R 70
前脚：ST長円パイプ
46×20×t1.6
メラミン焼付塗装
脚端：キャップ取付 ナット溶接
キャスター取付
■教室個人用デスク　立面図
側面図
S＝1:10

SPACE **04** 2008

建築設計：
山本理顕設計工場

福生市庁舎
Fussa City Hall

“見立て”のまなざし

東京都福生市の市庁舎における家具計画。フォーラムと呼ばれる大空間に設置したカウンターをどうデザインしていくかがこのプロジェクトの鍵となった。カウンターは、ワンストップ方式でさまざまな窓口業務をひとつのラインで対応するべく、その長さは湾曲しながら約73mにも及び、各業務の区切り方のアイディアが必要になった。

長いカウンターのプランを眺めているうちに、希望する場所に素早くたどり着く機能は、書類にインデックスタブを貼るという比喩が使えるのではないかと思った。カウンターに取り付けた「インデックスパネル」と名付けたパーティションは、そうした日常の事象を自由に読み替えていく“見立て”のまなざしから生まれたのである。

結果として、このパネルは実に多機能なユニットとなった。まず、利用者のプライバシーをきちんと確保し、そしてカラフルな塗装を施すことでまさにタブとして各業務の場所のサインになる。また、業務の変化に対応できるように着脱も可能であり（着脱機構を開発した）、カウンターのどの場所にも自由にパネルを取り付けることができる。さらには、パネル上部には照明器具が組み込まれ、アクリル面が柔らかく発光し、タスクライトとしての役割も担った。

わかりやすく力強い比喩／方法の発見が、多くの問題を解決していくマイルストーンになることを強く感じたプロジェクトだった。

ノートに貼ったインデックスタブ。このタブが、市庁舎の窓口カウンターにおける「希望する場所に素早くたどり着く」という機能の比喩となり、「インデックスパネル」と名付けたパーティションが生まれた。

8
子ども育成課
保育園
幼稚園
学童クラブ
Child rearing
Allowance
8
子ども育成課
保育園
幼稚園
学童クラブ
Child rearing
Allowance
9
高齢福祉
介護保険
Elderly's welfare
Bienestar social
a los ancianos
高齢福祉
介護保険
Elderly's welfare
Bienestar social
a los ancianos
9

■フォーラムカウンター

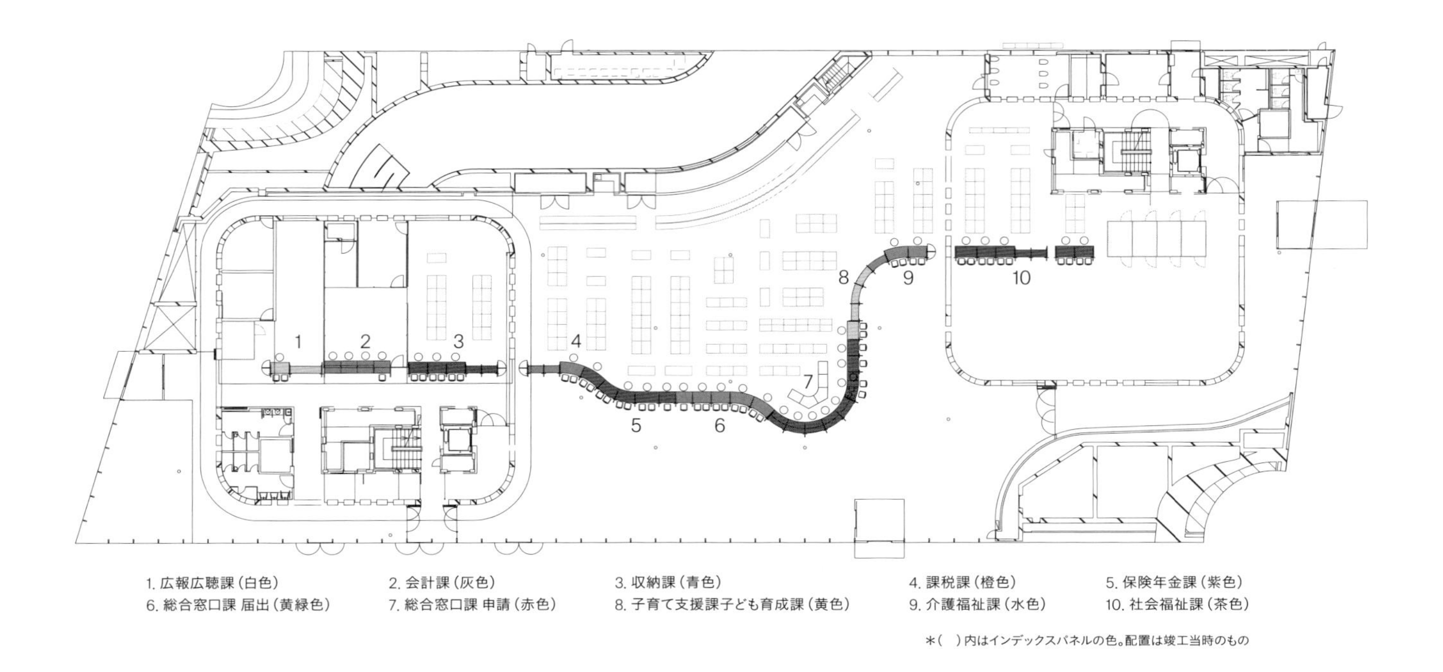

配置図　S = 1 : 500

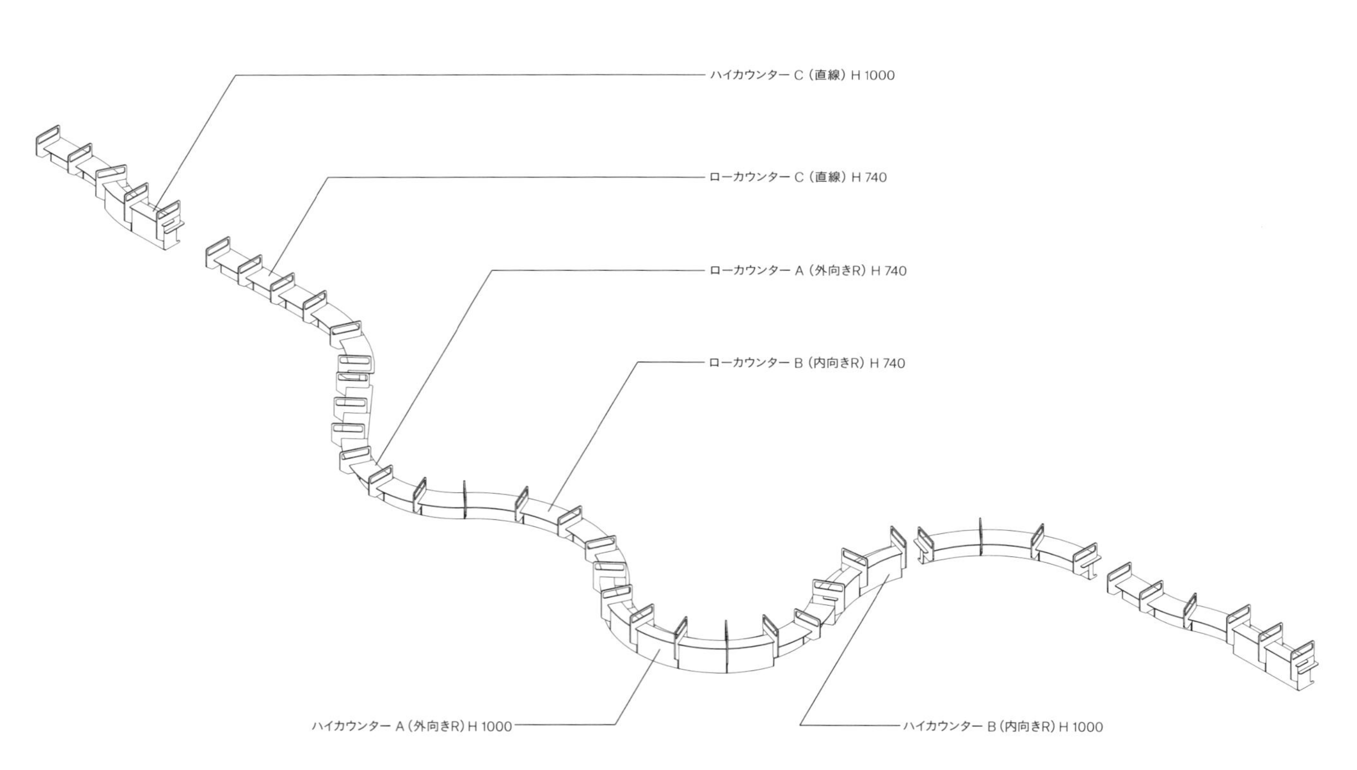

初期イメージ図

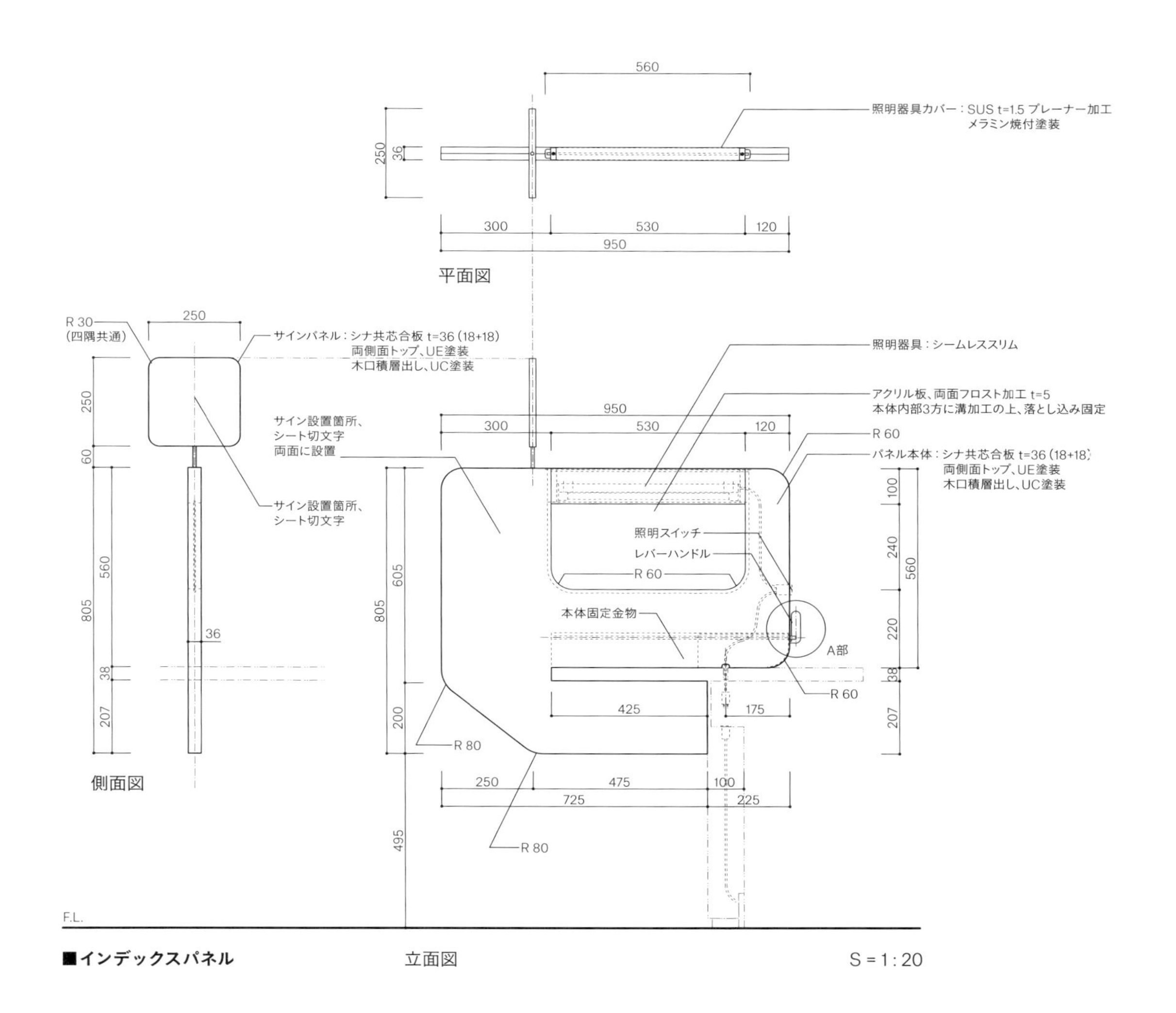

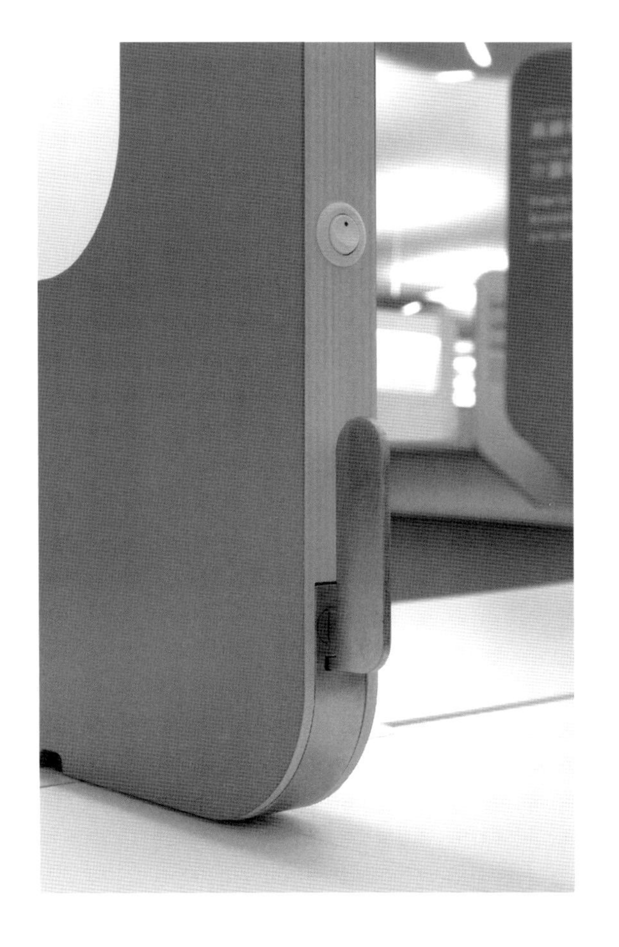

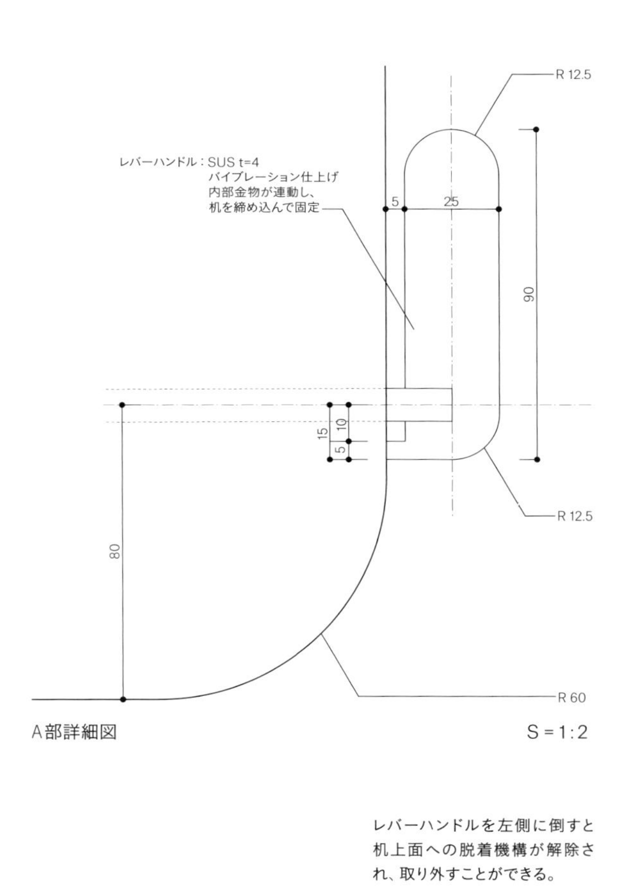

レバーハンドルを左側に倒すと机上面への脱着機構が解除され、取り外すことができる。

パネル面には窓口業務のサイン表示が施され、さらにトップには、もうひとつの小さなサインパネル（番号表示）を取り付けている。曲線を描くカウンターの流れに沿い、水平方向に回転して見やすい角度に調整することができる。パネル上部の白いスチール箇所はタスクライト。内臓スイッチによってパネルごとにオンオフが可能。サイン計画：廣村デザイン事務所。

インデックスパネルは、取り外してカウンターのどこにでも設置可能になっている。パネルの執務側木口面に取り付けたレバーハンドルで脱着する。

フォーラムベンチ。フォーラムカウンター利用者のための待合用ベンチ。水平面に垂直にインデックスパネルが連続していくカウンターの風景に呼応するべく、脚と肘掛けが一体となったリング型のフレームが垂直材となり、その中を水平材である座面が貫いていくデザインとした。リングが連続していく形式そのものが、このベンチに自然にコミットしていく身体的なきっかけになればと考えた。

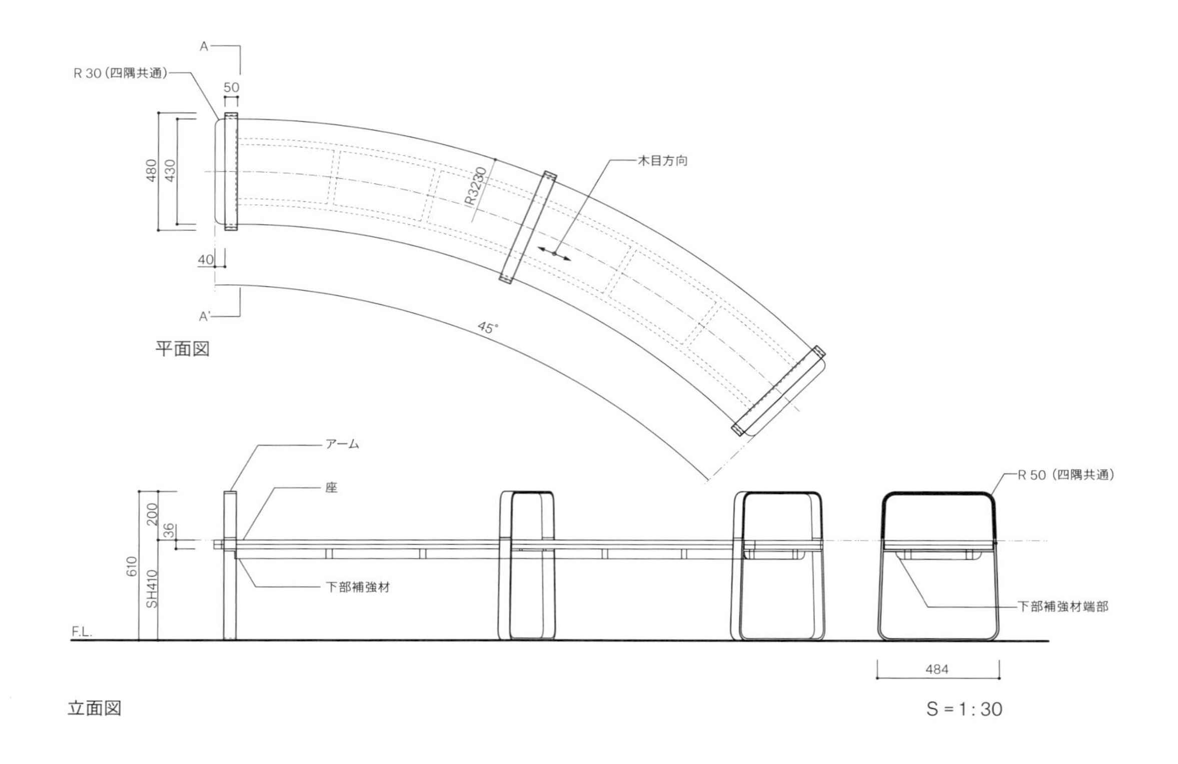
A
R 30（四隅共通）
50
480
430
R3230
木目方向
40
A'
45°
平面図
アーム
座
200
36
610
SH410
下部補強材
F.L.
R 50（四隅共通）
下部補強材端部
484
立面図
S＝1：30

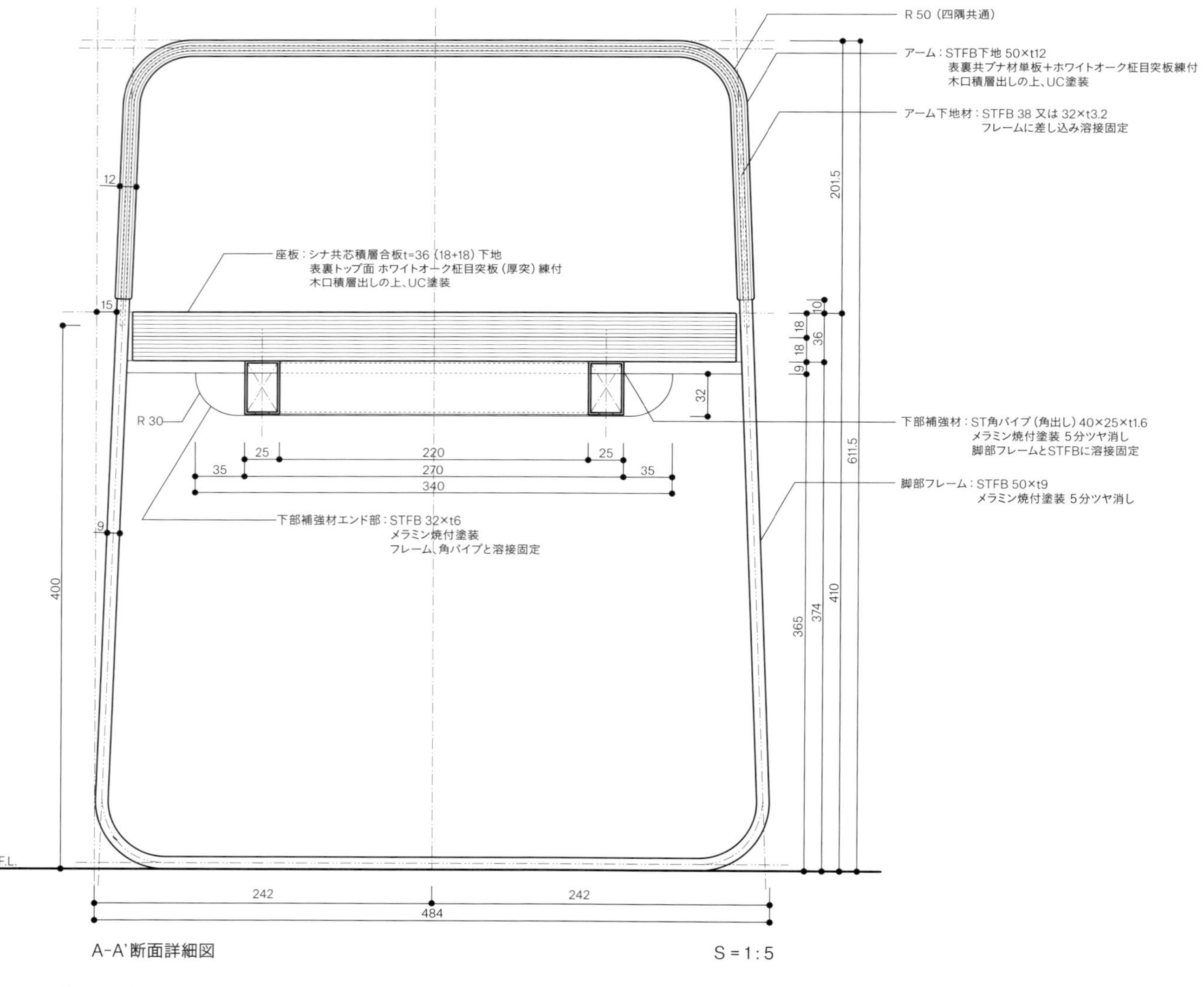
R 50（四隅共通）
アーム：STFB下地 50×t12
表裏共ブナ材単板＋ホワイトオーク柾目突板練付
木口積層出しの上、UC塗装
アーム下地材：STFB 38 又は 32×t3.2
フレームに差し込み溶接固定
201.5
12
座板：シナ共芯積層合板t=36（18+18）下地
表裏トップ面 ホワイトオーク柾目突板（厚突）練付
木口積層出しの上、UC塗装
15
10
18
36
18
9
32
R 30
下部補強材：ST角パイプ（角出し）40×25×t1.6
メラミン焼付塗装 5分ツヤ消し
脚部フレームとSTFBに溶接固定
25
220
25
35
270
35
340
611.5
脚部フレーム：STFB 50×t9
メラミン焼付塗装 5分ツヤ消し
下部補強材エンド部：STFB 32×t6
メラミン焼付塗装
フレーム、角パイプと溶接固定
9
400
365
374
410
F.L.
242
242
484
A-A'断面詳細図
S＝1：5

■フォーラムベンチ

建築設計：
安田アトリエ

東京造形大学 CS PLAZA

Tokyo Zokei University CS PLAZA

東京造形大学に新設された「CS PLAZA」のカフェテリアの家具計画。屋内のテーブル、椅子、カウンターの他、テラスの屋外用のテーブルと椅子、カフェカウンター等をデザインしている。

カフェテリアというものが、本来、単に食事やお茶を飲む場所ではなく、会話や思索にふけったりすることを受け入れてくれる空間と考えれば、ここでの家具は、なおさら学生たちのコミュニケーションや想像力の“下地のようなもの”として存在するのが一番いいと考えた。ゆえに、家具を単体として強く表現するというより、トータルで約500席集まったシーン全体の佇まいを常に意識していた。屋内の家具は、タフで経年変化を引き受けていく竹の集成材を主な材料として使用している。

集合体としての椅子

前頁：屋内用の椅子。竹集成材のテクスチャーが素材の表情として現れる。背もたれは同材を曲げ加工している。
77頁：武蔵野の原生林に囲まれたカフェテリア。空間全体が見渡せるように、またトレーによる食事の扱いにストレスがないように、椅子の背もたれはテーブルトップの下に入るようにしている（上）。テラス席の屋外用の椅子とテーブル。双方ともにスチールフレームに亜鉛溶融メッキを施している（下）。

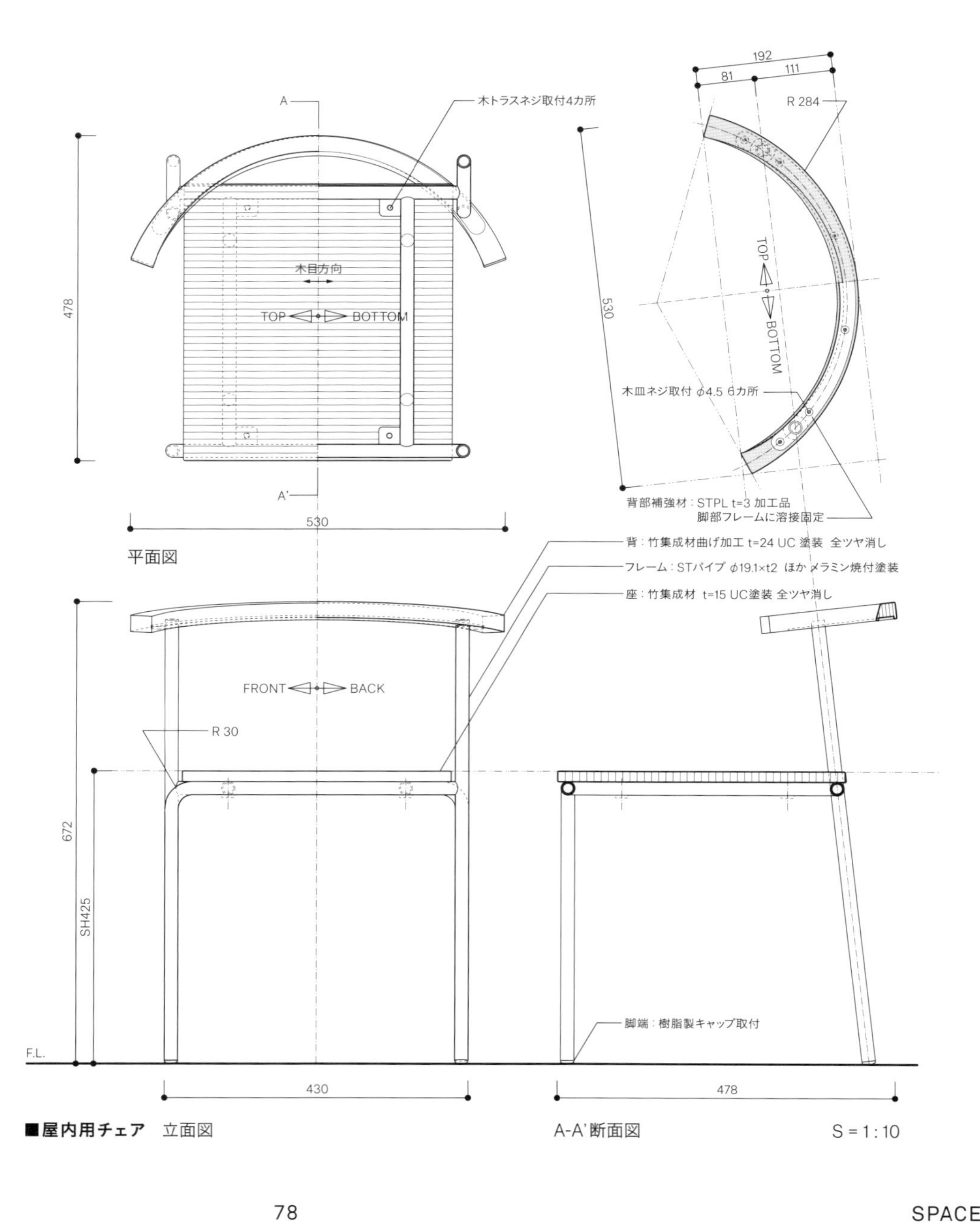

■屋内用チェア 立面図　　A-A'断面図　　S＝1：10

屋内用の椅子。スチールフレームと竹集成材の座および同材を曲げ加工した背もたれ（アームと兼用）による構成。単体の椅子でありながら、ベンチに座っているようなラフさをつくりたかったので、座面はフラットである。また、横座りするなど、座った際の姿勢が自由になるようにハーフアーム形式にしている。スタッキングも可能である。

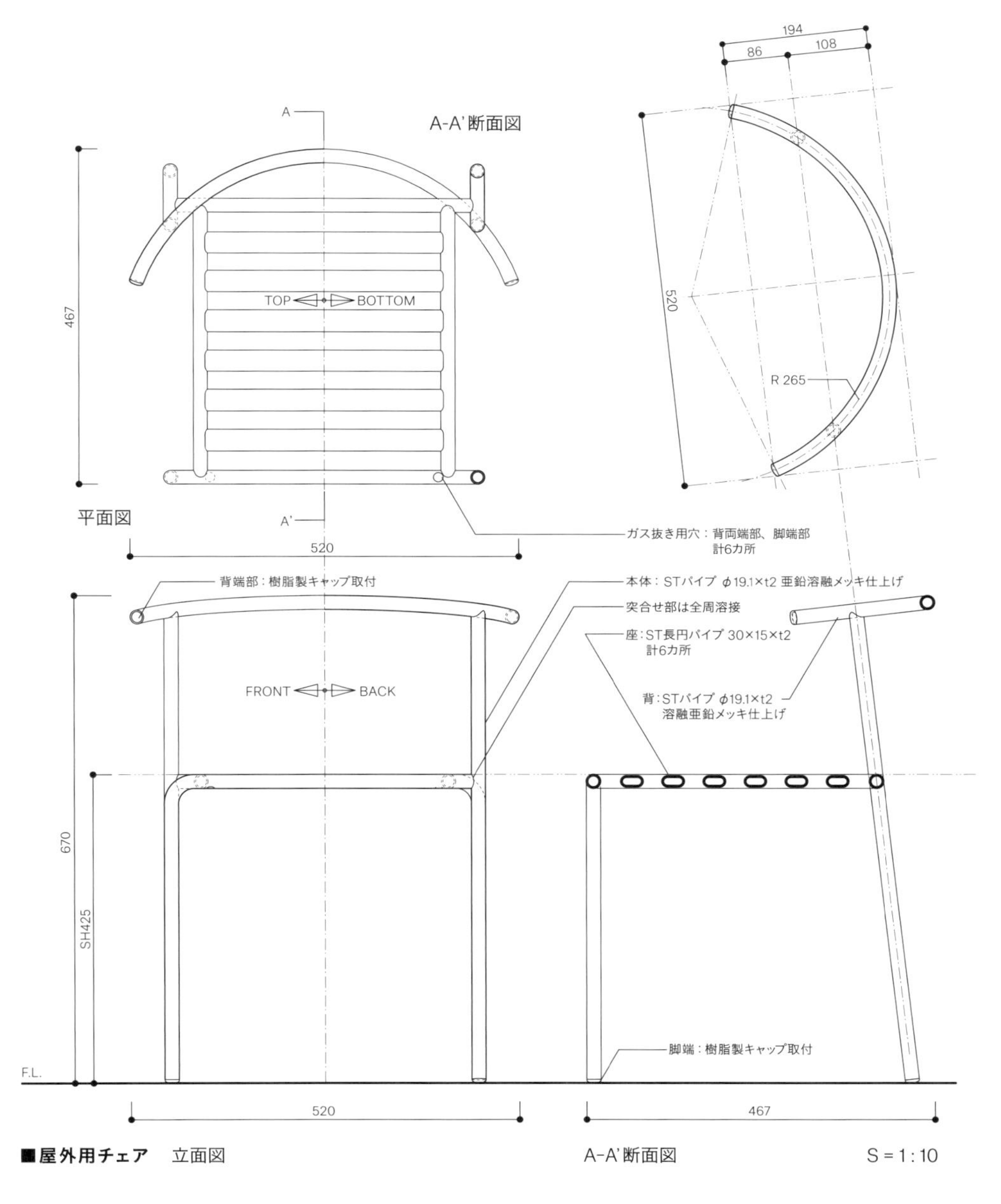

■屋外用チェア　立面図　　A-A'断面図　　S＝1:10

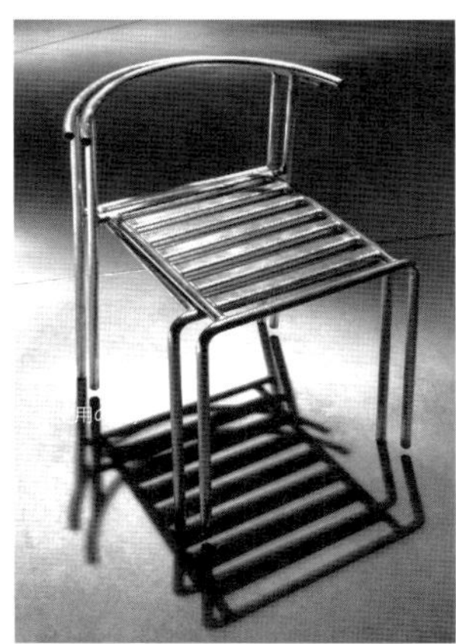

屋外用の椅子。屋内用の椅子と同じ形式だが、素材をすべてスチールパイプで統一して曲げと溶接加工のみでフレームをつくった。そしてそれを丸ごと亜鉛のメッキ槽に浸けて、そのまま仕上げた（亜鉛溶融メッキ仕上げ）。パイプなど、密閉したまま空気が入っている状態で高温のメッキ槽に浸けると、鉄と亜鉛の比重の違いにより浮力で沈まない。また空気が残っていると膨張して破裂してしまう。ゆえに、パイプの中まできちんとメッキを通すための"抜き穴"の設計が重要だった。この椅子では、パイプ同士の溶接箇所、そしてパイプの端部にすべて穴があいており、メッキ後に樹脂キャップでふさぐ仕様にした。

SPACE **06** 2016

建築設計：
伊東豊雄建築設計事務所

宮城学院女子大学附属認定こども園「森のこども園」

Miyagi Gakuin Preschool “MORI NO KODOMO-EN”

空間と子どもをつなぐ
インターフェイス

仙台市青葉区の宮城学院女子大学内に設立された認定こども園の家具計画。ランチルームや各教室の子ども用椅子とテーブル、ふとん収納やロッカーおよび手洗いカウンター、下駄箱など、同施設のあらゆる家具をデザインしている。

子どものスケールに合わせて、低く抑えられた木製の網かごを思わせる屋根が空間全体をゆるやかにつなげていることから、家具のありようも身体的な視点から空間と子どもを柔らかくつないでいくことを目指した。

例えば、造作家具に付けられた大きな曲面は、建築と一体になって子どもたちが走り回る優しい背景となり、テーブルや椅子の小さな曲面は、安全性確保と同時に動き出しそうな表情を生む。何気ないことのようだが、こうした曲面の強弱と連続性がつくり出す風景そのものが、家具だからこそ可能になる空間と人をつなぐインターフェイスになると思っている。

0〜1歳児用子ども椅子（前頁）。まだ姿勢が定まらない子どもの身体を受け止めるために、背もたれから連続するアームタイプとした。また、0歳児用には取り外し可能な転倒防止のTバーを付けている。スタッキングも可能。素材と仕上げは2〜5歳児用と同様。

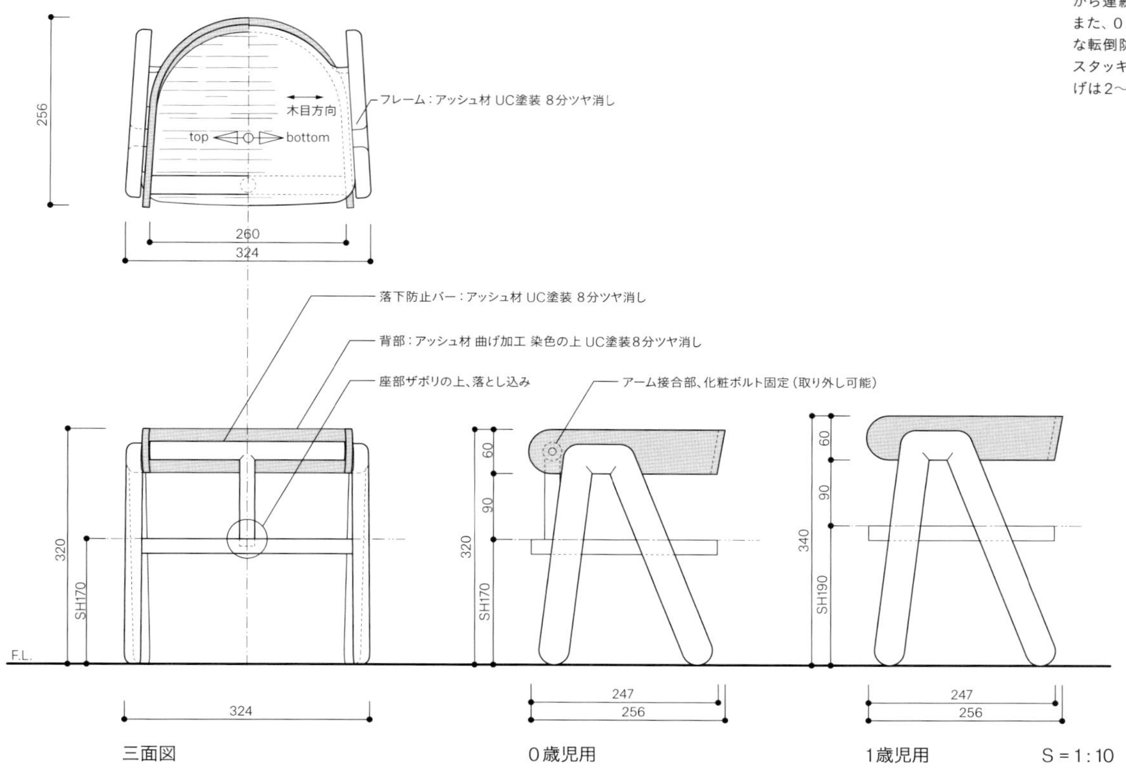

■0〜1歳児用子ども椅子

2〜5歳児用子ども椅子（80-81頁）。2歳児から使用する椅子は、子どもの体格にきちんとフィットする3種のサイズを用意している。サイズによってバランスが悪くならないように、座面の大きさ、脚の太さ、背のカーブなどをそれぞれで変えている。スタッキングは安全性を考えて、らせん状に重ねていく形式とした。素材はアッシュ無垢材で、背もたれのみナチュラル色の他に4色の染色塗装を施した。

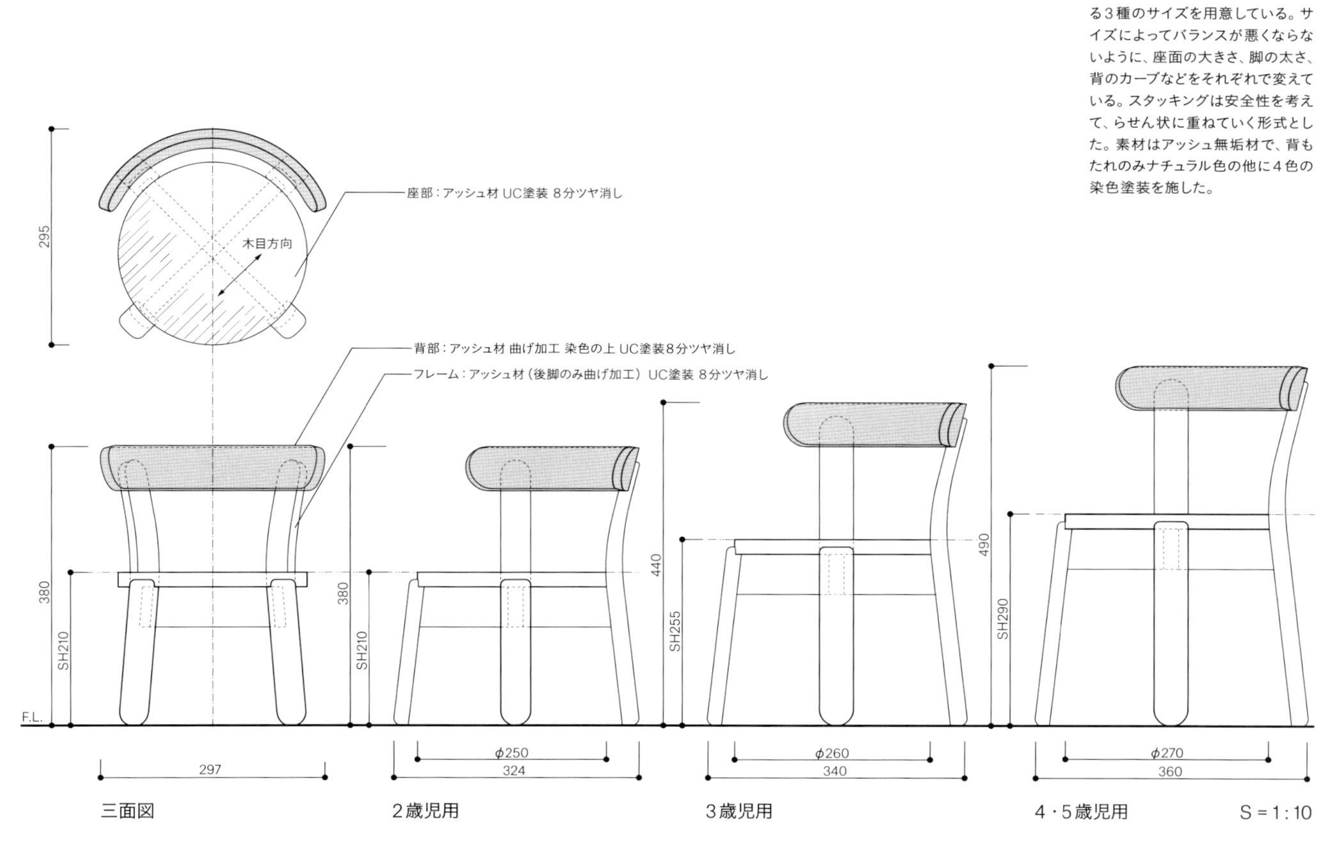

■2〜5歳児用子ども椅子

1歳児室。0〜1歳児室のふとん収納などの造作家具および可動収納は、MDF材にグリーン系の染色塗装を施している。

子ども用テーブルは、単独で使うだけでなく、みんなでお絵描きなどする際に連結して大きなテーブルとして使うことも多い(右)。スタッキングするためにずらして取り付けた脚を互い違いにして組むと、テーブルの天板をすきまなくぴったりと合わせることができる(左上・下)。

子ども用の手洗いカウンター。子どもたちの成長に合わせた高さでつくり、すべての部屋に設置している。ここでも角に大きな曲面を設け、どこからでもアクセスしやすくした。他の収納家具と同様に尖ったところはどこにもなく取っ手もない(実際には扉の下端に設けてある)。また、上部に取り付けた鏡にも収納部と同じMDF材の額縁を設けて壁掛けとし、あえて存在感を出している。

ふとん収納。お昼寝用のふとんを入れるための収納であるが、床下に空調装置を納めてあり、そのための吸い込み口も家具に設けている。奥行きが約1mあり、部屋の中でかなりのボリュームになるため、角に大きく曲面を取ると同時に、MDF製の各扉の染色塗装をグラデーションで変えることで圧迫感を軽減している。大きな曲面扉の内部は掃除用具置き場。2～5歳児室の造作家具類は、茶系の染色塗装とした。

スタッキング時の子ども用テーブル。脚の2本は天板の長手方向、もう2本は短手方向に張り出して取り付けているため、天板部分を下のテーブルの高さまで持ち上げればそのままスライドさせてスタッキングすることができる。素材はアッシュ無垢材。無垢材は重量があるが、そのよさを子どもたちに体感させたいという思いと、日常的に動かす保育士の負担軽減を両立させることを考えた。高さ違いで5種類つくった。

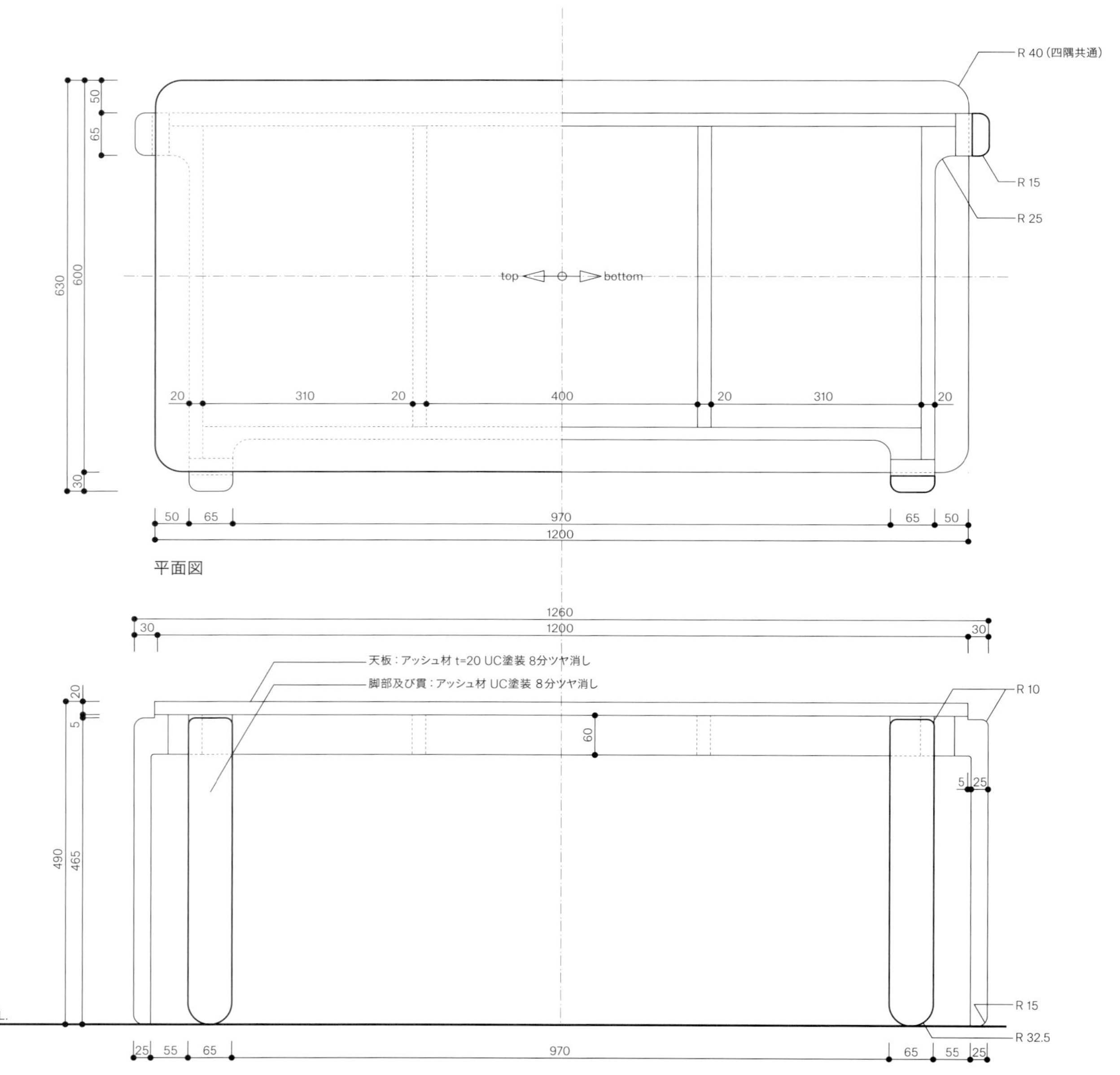

■子ども用テーブル　立面図

S = 1 : 10

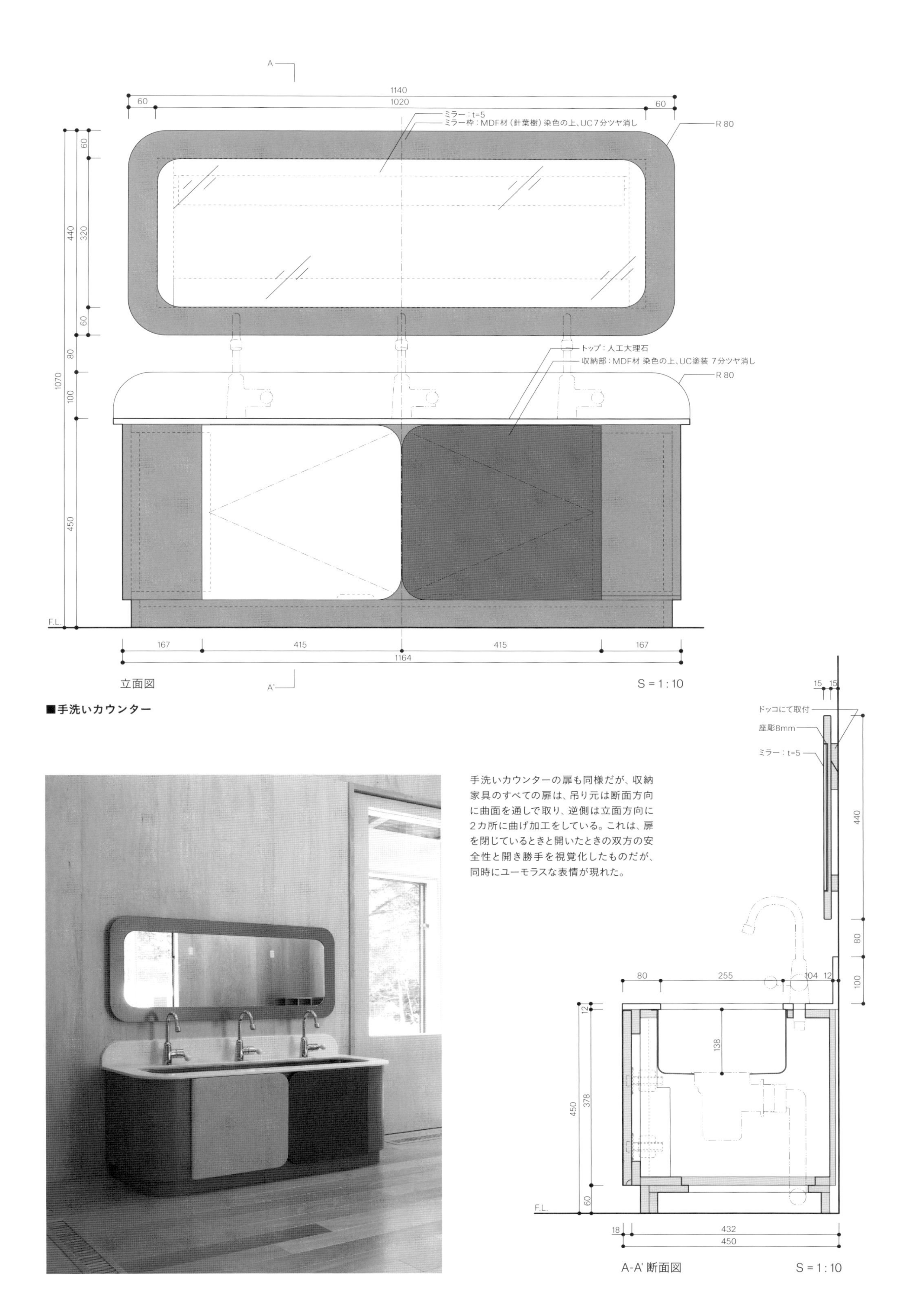

■手洗いカウンター

手洗いカウンターの扉も同様だが、収納家具のすべての扉は、吊り元は断面方向に曲面を通しで取り、逆側は立面方向に2カ所に曲げ加工をしている。これは、扉を閉じているときと開いたときの双方の安全性と開き勝手を視覚化したものだが、同時にユーモラスな表情が現れた。

インテリア共同設計：
トラフ建築設計事務所

mediba Creative Farm SHIBUYA

メディーバ クリエイティブファーム シブヤ

モバイルITビジネスを手掛ける企業のオフィスの内装および家具計画。約2,200㎡のフロアに、レセプションや会議室を内包するパブリックスペースと、社員約400名の執務スペースを持つ、広い空間を活かしたオープンなオフィスである。既存のオフィスビルの矩形プランに必要な席数を効率よく並べていくと、どうしても同じ風景が連続する均質な場ができてしまう。自席以外でも社員同士がコミュニケーションしやすい活動的なオフィス環境をつくるために、ここでは、まず、ベンチタイプの長い執務用デスクを、部署ごとに大まかな単位でひとまとまりにし、それを矩形プランに対して斜めに傾けて配置した。そうすることで、周辺の壁面や窓面との間に不均質な場が生まれ、特徴のあるミーティングスペースができていった。

また、部署やミーティングスペースとの間に、自然の風景に見立てた収納「ランドマークシェルフ」を点在させた。場の分節点に置かれたシェルフによって、ちょうど座った目線から上の高さに“見立てのかたち”が現れ、広大なワンルーム空間のサインとしても機能している。

オフィスにおける収納家具は、たいていの場合、そのボリュームを意識させないように壁面と同化させるなど脇役としての扱いが多いが、ここではむしろ収納家具がこの計画の主役となった。

ランドマークシェルフがつくる風景

ランドマークシェルフと名付けた収納家具は、特徴的な形と扉の一部に練り付けた鮮やかな色の掲示板(ブルテンボード)によって、遠く離れても視認することができる。まさにランドマークとしてオフィスの風景をつくっている(左)。社内ミーティングゾーンの一部には、木製の筒状の天蓋を付け、内側に鮮やかな色の塗装を施した。壁がなくても領域を意識させることができる(上)。

上部が雲形のランドマークシェルフ。このタイプは雲形部分の背板がなく向こうが見通せるため、植物を置いたり展示コーナーとしても使用できる。

大きなまとまりとして部署ごとに区分したデスクを、壁や窓に対して斜めに傾けて配置し、そうしてできた余白のスペースがコミュニケーションゾーンとして機能している。また、床面に各部署をまたぐように貼ったパッチワーク状のカーペットは、もうひとつのレイヤーとして、空間に場所ごとの変化と彩りを与えている。

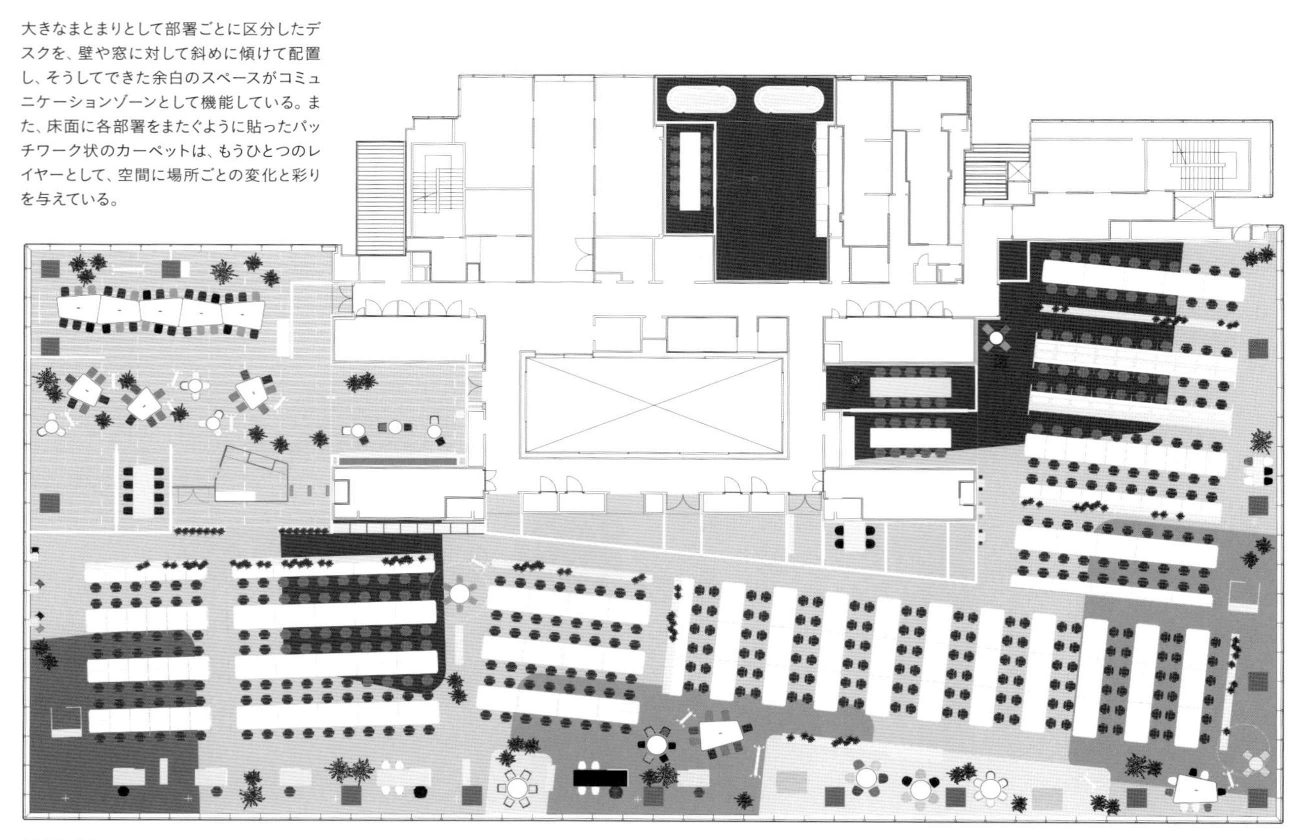

■平面図

S = 1 : 450

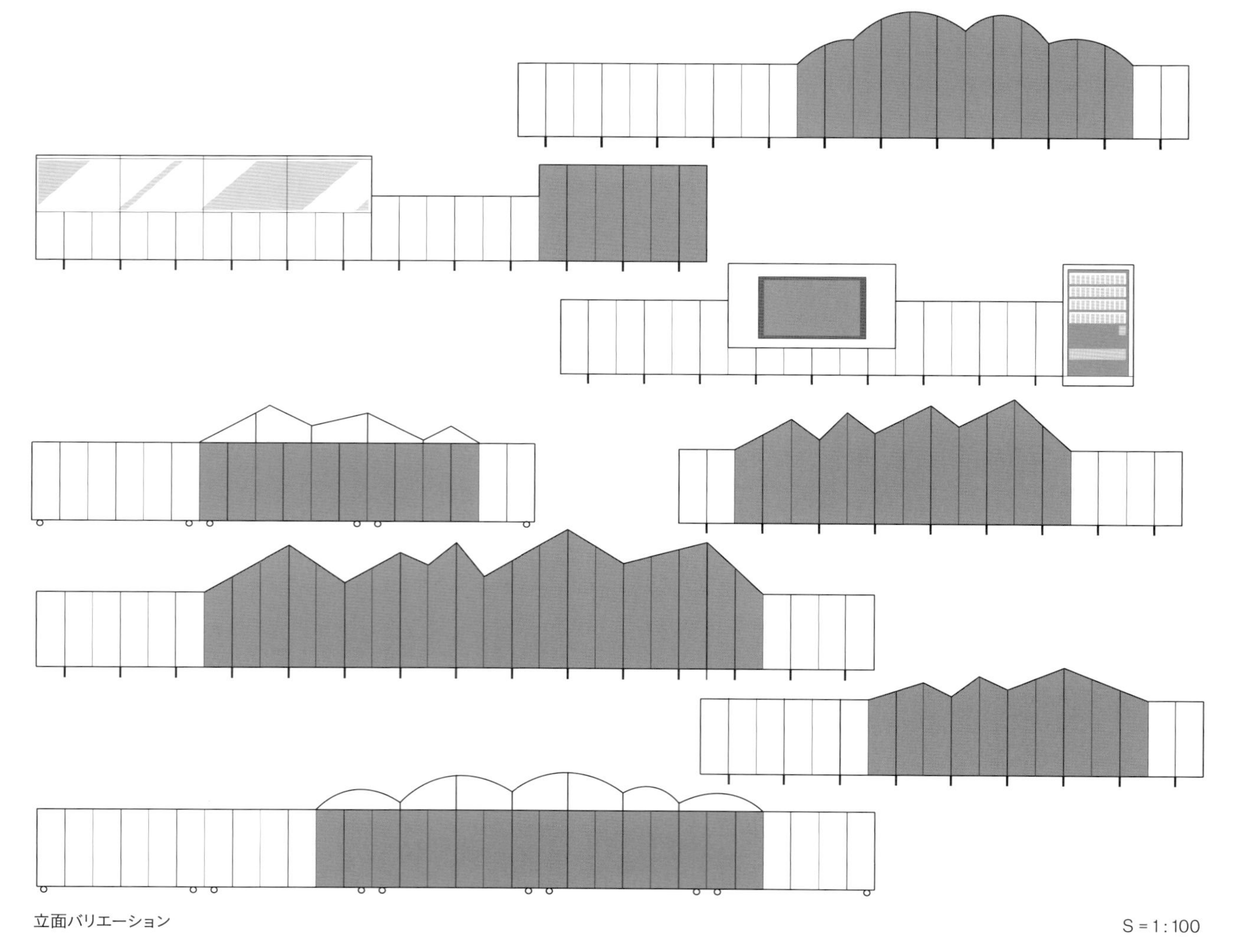

立面バリエーション

S = 1 : 100

■ランドマークシェルフ

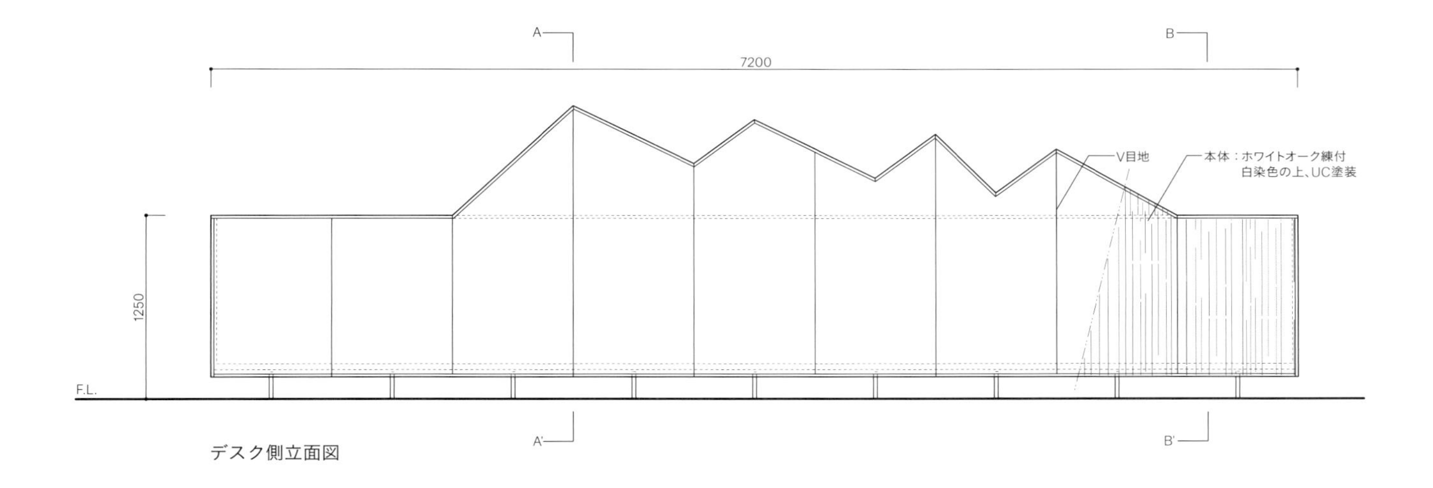

デスク側立面図

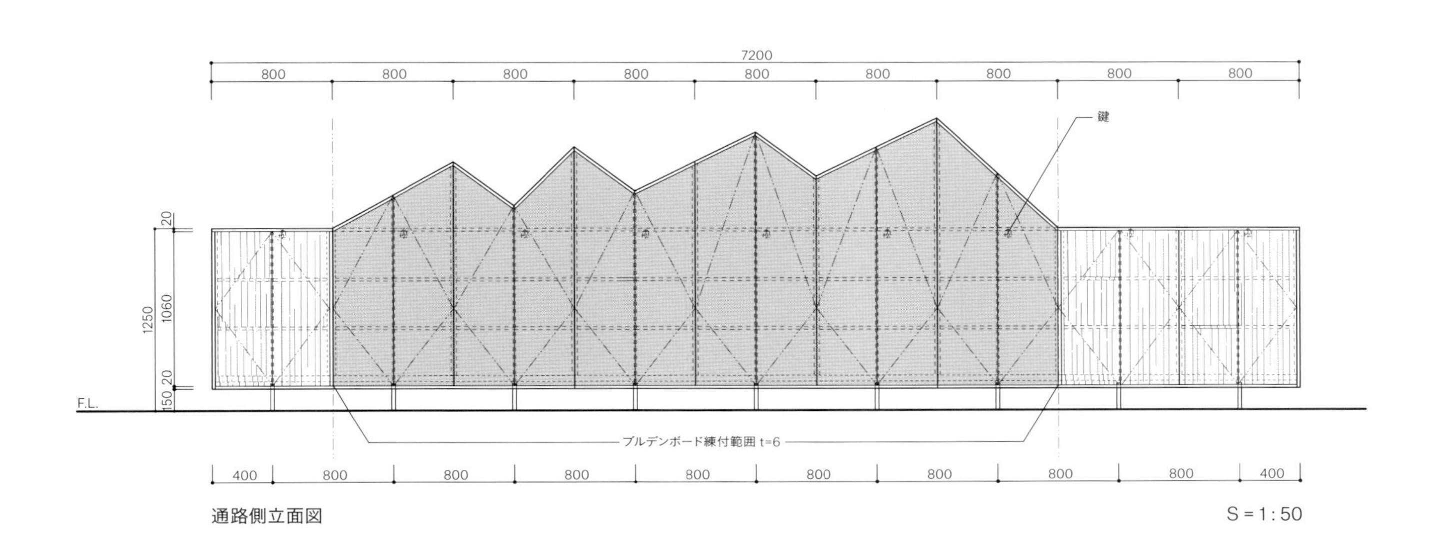

通路側立面図

S＝1：50

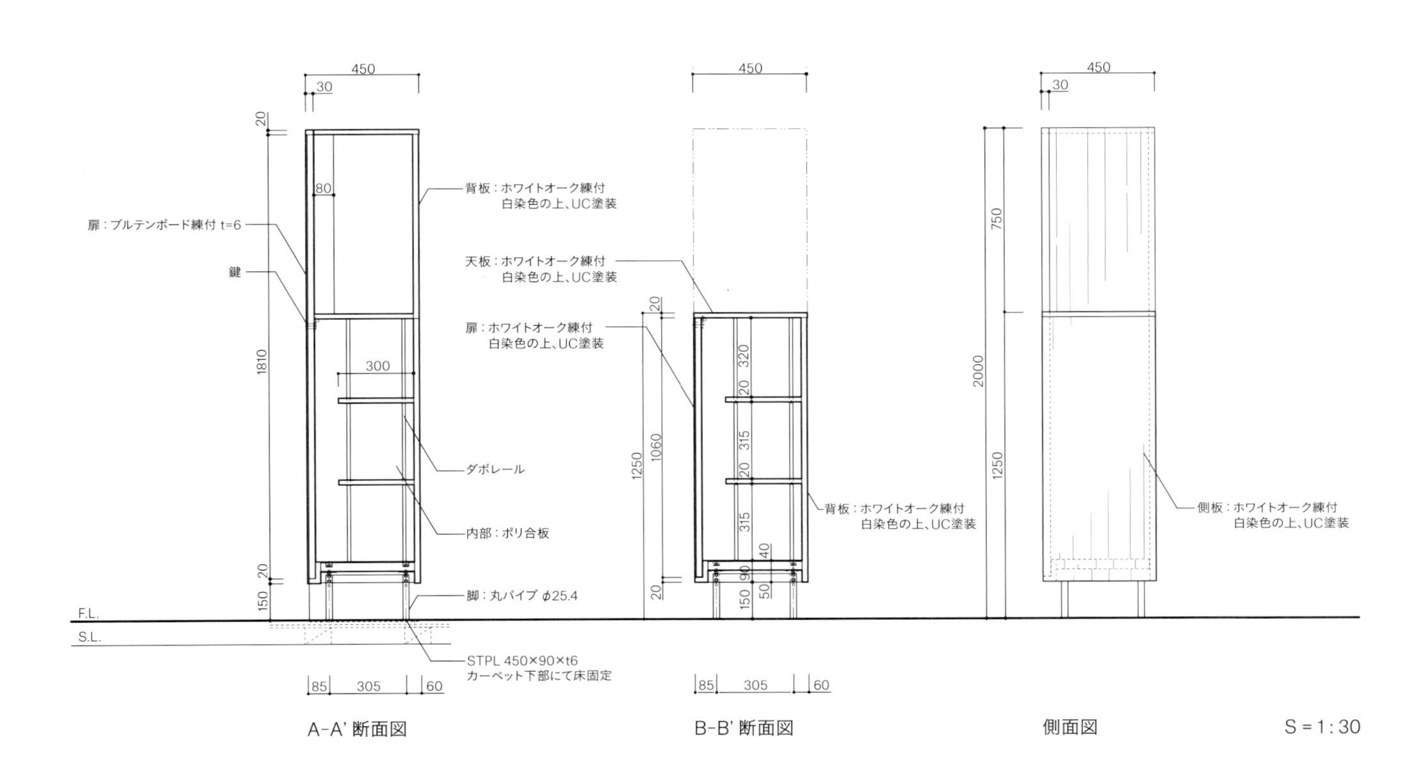

A-A' 断面図　　B-B' 断面図　　側面図

S＝1：30

SPACE **08** 2016

建築設計：
小嶋一浩 + 赤松佳珠子 / CAt

南方熊楠記念館新館
Minakata Kumagusu Museum

空間に家具を練り込む

南方熊楠が遺した貴重な資料を保存展示する博物館の家具計画。和歌山県白浜町の番所山公園の頂、樹木が生い茂る自然の中にすべり込むように建てられている。計画段階での建築模型や現地視察の際に、そうした建築の建ち方に呼応していく家具のありようを考えていた。つまり建築の内部空間に家具を練り込んでいくようなイメージである。ただ、それは建築と一緒になってしまうのではなく、いわばマーブル模様のように、互いの色／存在が自律しながら融合することなのではないかと思った。

実際には、建築の壁自体に埋め込むように本棚を取り付けたり、同じ方法で、インフォメーションカウンターの左官仕上げのボリュームにはショーケースをランダムに配置した。吹き抜けから吊り下げられたランタンを受け止める、カウンターと同仕上げの大きな丸テーブルも、シンプルな形式にしてその質感のみを際立たせた。また、展望デッキのベンチは、自然の地形から円形にくり抜いたようなボリュームを再度フラットな場に戻すというようなイメージでデザインした。

こうした建築と家具との相互に補完し合う関係がつくり出すインテリアが、南方熊楠のエコロジカルな世界観とリンクしていくことを目指した。

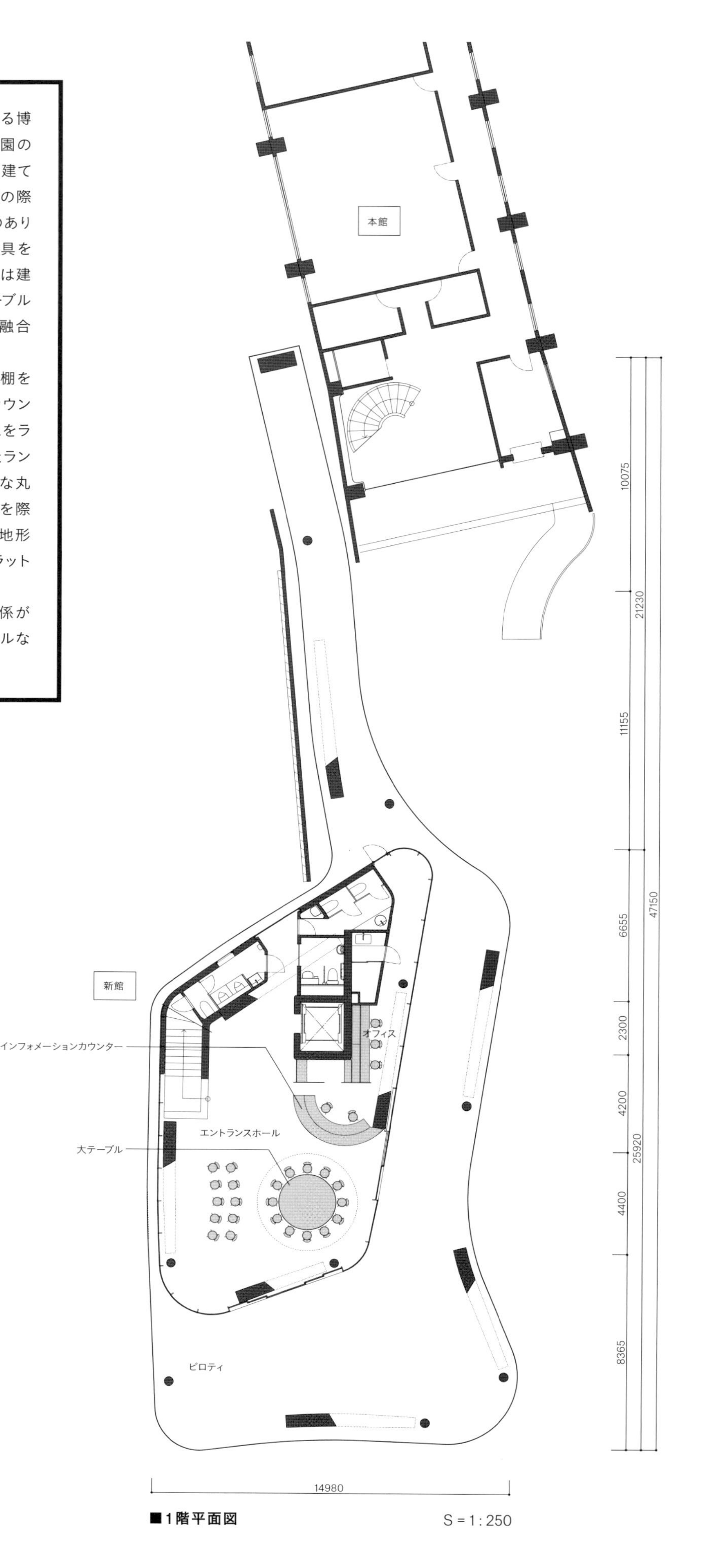

■1階平面図　S＝1：250

太平洋を望む2階展望ブリッジ。左官仕上げのカウンターには椅子「Flipper」（113頁）が並ぶ。

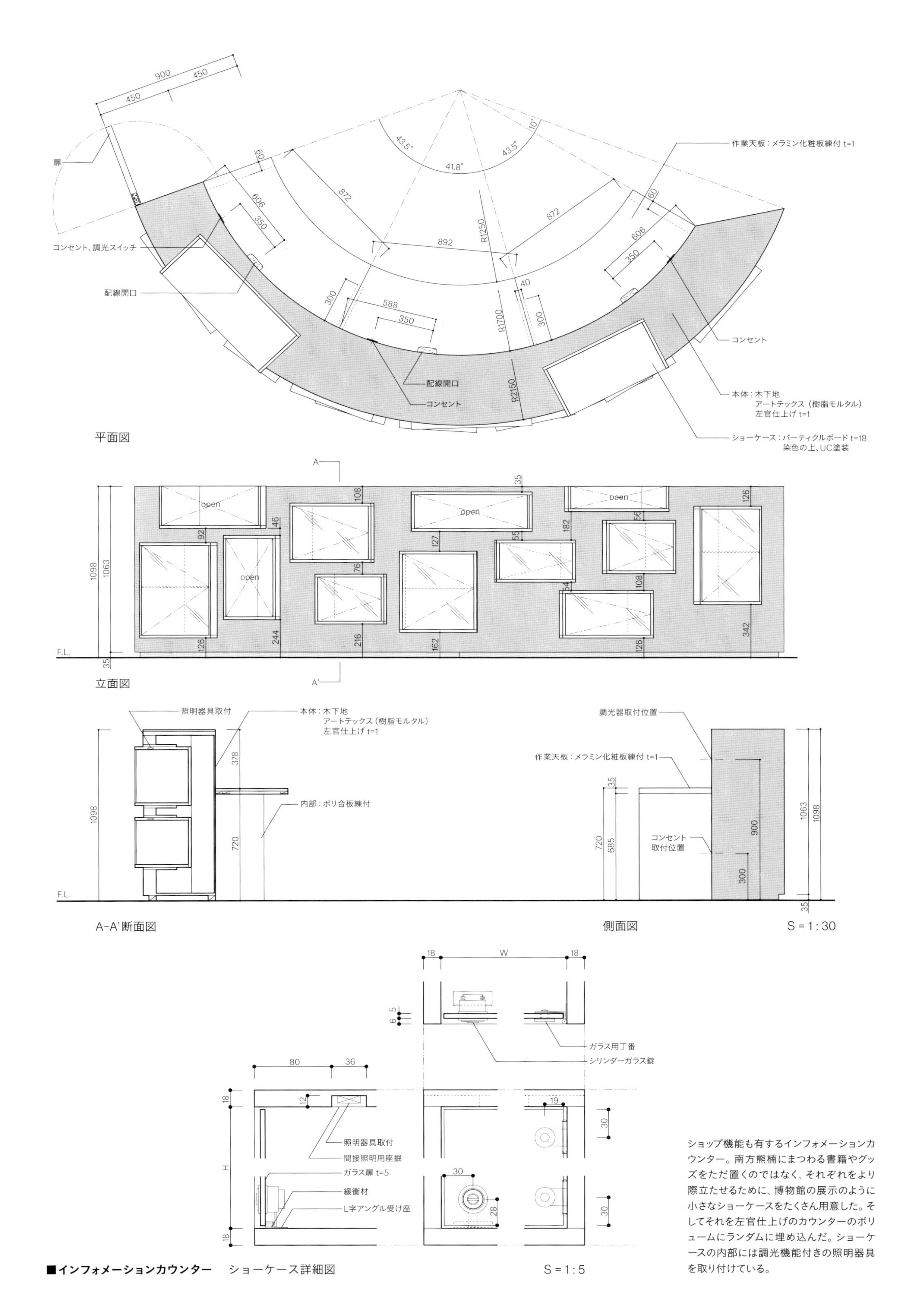

■インフォメーションカウンター　ショーケース詳細図

ショップ機能も有するインフォメーションカウンター。南方熊楠にまつわる書籍やグッズをただ置くのではなく、それぞれをより際立たせるために、博物館の展示のように小さなショーケースをたくさん用意した。そしてそれを左官仕上げのカウンターのボリュームにランダムに埋め込んだ。ショーケースの内部には調光機能付きの照明器具を取り付けている。

2階への階段の壁面に埋め込まれた本棚。上り下りのシークエンスに合わせてランダムに配置した。貴重な書籍の収納部にはガラスの扉を付け、他はオープンにし、自由に取り外し可能な平置き用のスチールユニットを数台用意している。本棚の本体は、パーティクルボードに染色塗装を施し、石のような質感をつくった。

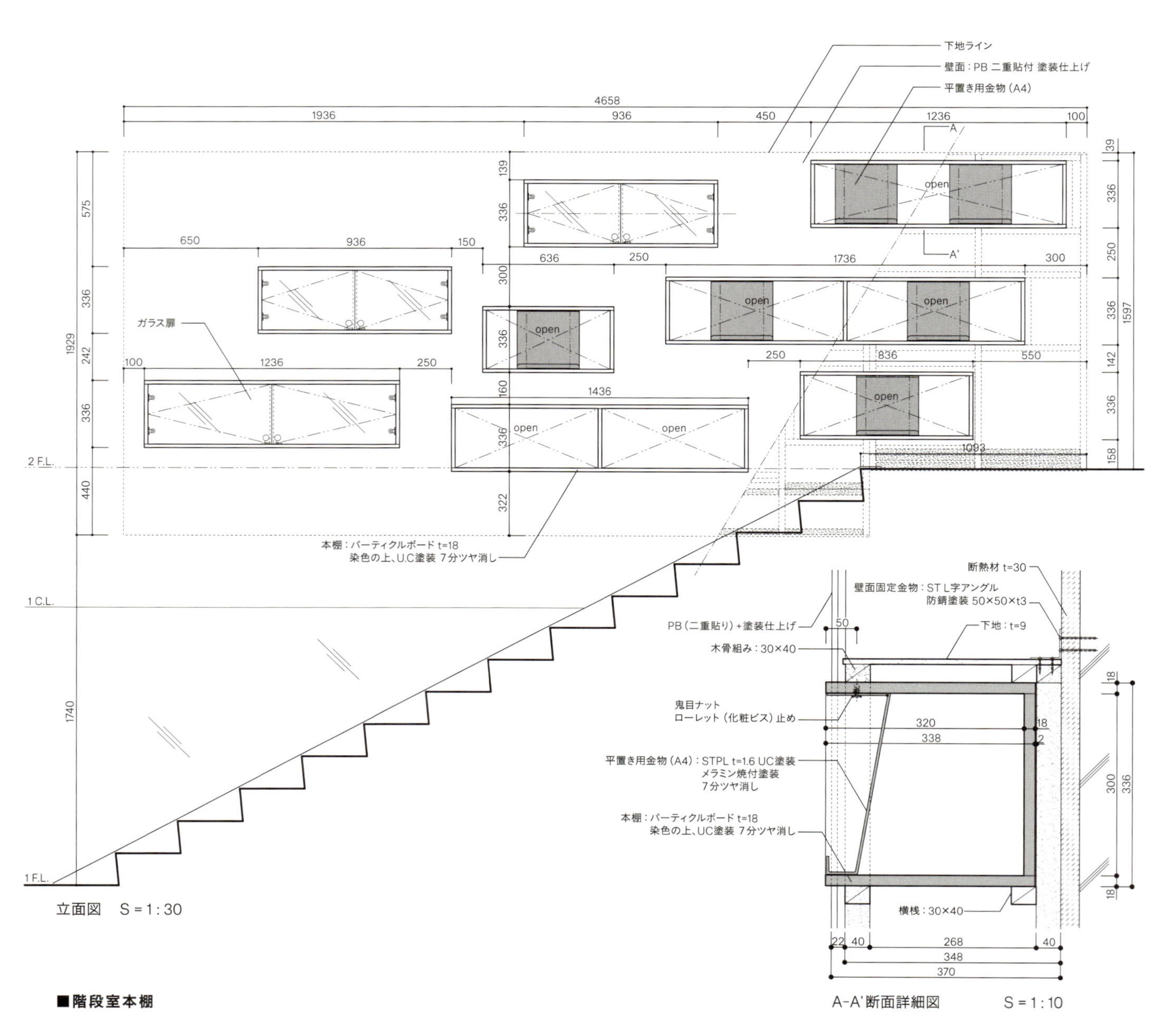

立面図　S＝1：30

A-A'断面詳細図　S＝1：10

■階段室本棚

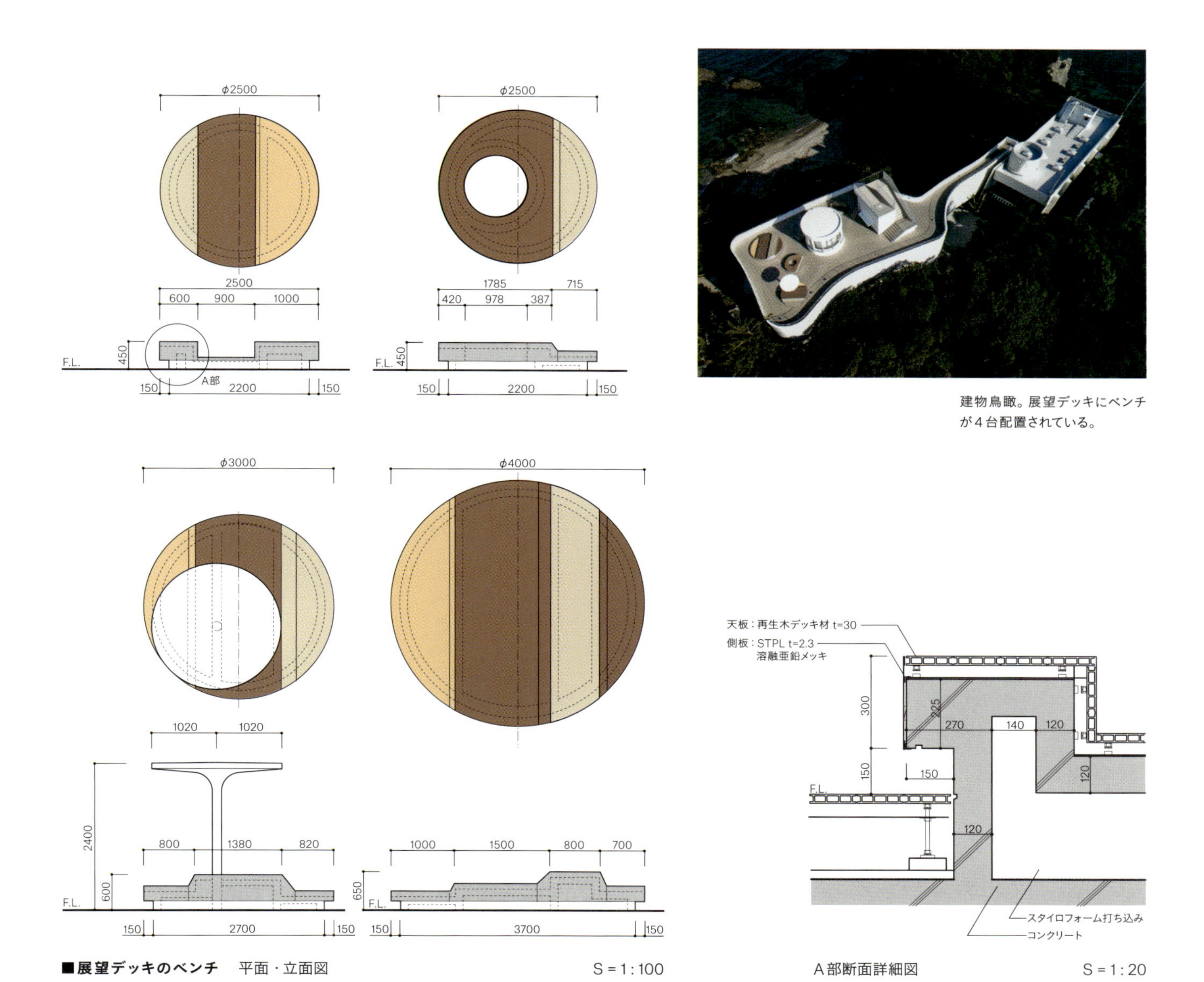

建物鳥瞰。展望デッキにベンチが4台配置されている。

■展望デッキのベンチ　平面・立面図　S＝1:100

A部断面詳細図　S＝1:20

360°のパノラマの風景が広がる場にフィットするようにベンチの外形は円形にし、そこにあえて方向性を出すように段差やくぼみを付けた。さらに建物の中心から放射状にそれぞれの角度を変えて置くことで、座った人の視線が交わらずに海側の景色を望めるステージとなった。座面は床のデッキ材と同材を使用し、円形の木口は亜鉛溶融メッキのスチールプレートでふさいだ。

建築設計：
石原健也＋デネフェス計画研究所、
清水建設一級建築士事務所

DNP創発の杜
箱根研修センター第2

DNP Hakone Training Center 2

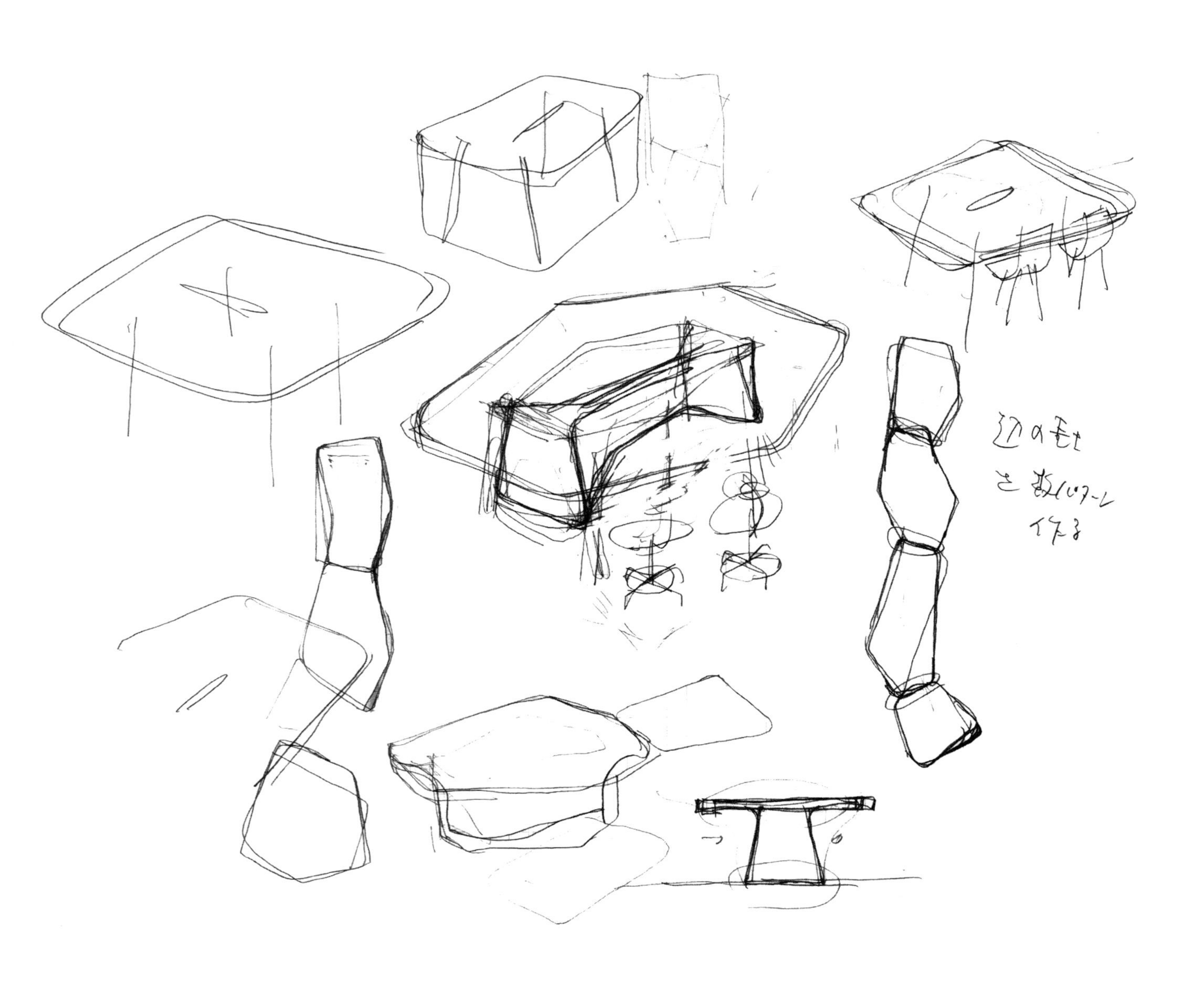

360°を意識する

研修ゾーンにおけるコラボテーブルの初期ラフスケッチ。それぞれの辺の長さを変えた多角形テーブルが連続していくイメージが浮かび上がる。

神奈川県箱根町の豊かな自然環境の中に新設された、総合印刷会社の研修施設における家具計画。同施設は、通常は閉じた部屋の集まりになりがちな研修ゾーンを、いくつかのテラスと連続させながら大きな一室空間として計画していた。「コラボスペース」と名付けられたその空間を、家具によってどう使いこなしていくかが最初の課題となった。

数人から大人数までさまざまな研修スタイルに対応するため、まずはテーブルのデザインから始めた。講師や研修者が状況に応じて環境を変化させていくこと、つまりテーブル単体の形とその集合の仕方によって、場の選択性が生まれるようなことができないかと考えていた。

あるとき、スタディの過程で、多角形のテーブルが連続していくようなスケッチを描いていると、ふと、日本庭園における“飛び石”や“延段”の光景が頭に浮かんだ。不整形な形の石が、それぞれに隙間を空けて集まることで、ゆるやかなまとまり／単位をつくっていく様子が、研修ゾーンにおけるテーブルのイメージと重なったのである。

最終的には、矩形のテーブルの各辺の長さを少しずつ変え、台形が変形したような多角形の天板形状にたどり着いた。1台のテーブルの中でも、座る場所によって互いの距離感が変わり、連結するとそれが増幅されて空間に動きをもたらした。このテーブルのデザインがきっかけとなり、ラウンジのソファやテラスのベンチなど、360°からのアクセスを促す、施設内のさまざまな家具のありようにつながっていった。

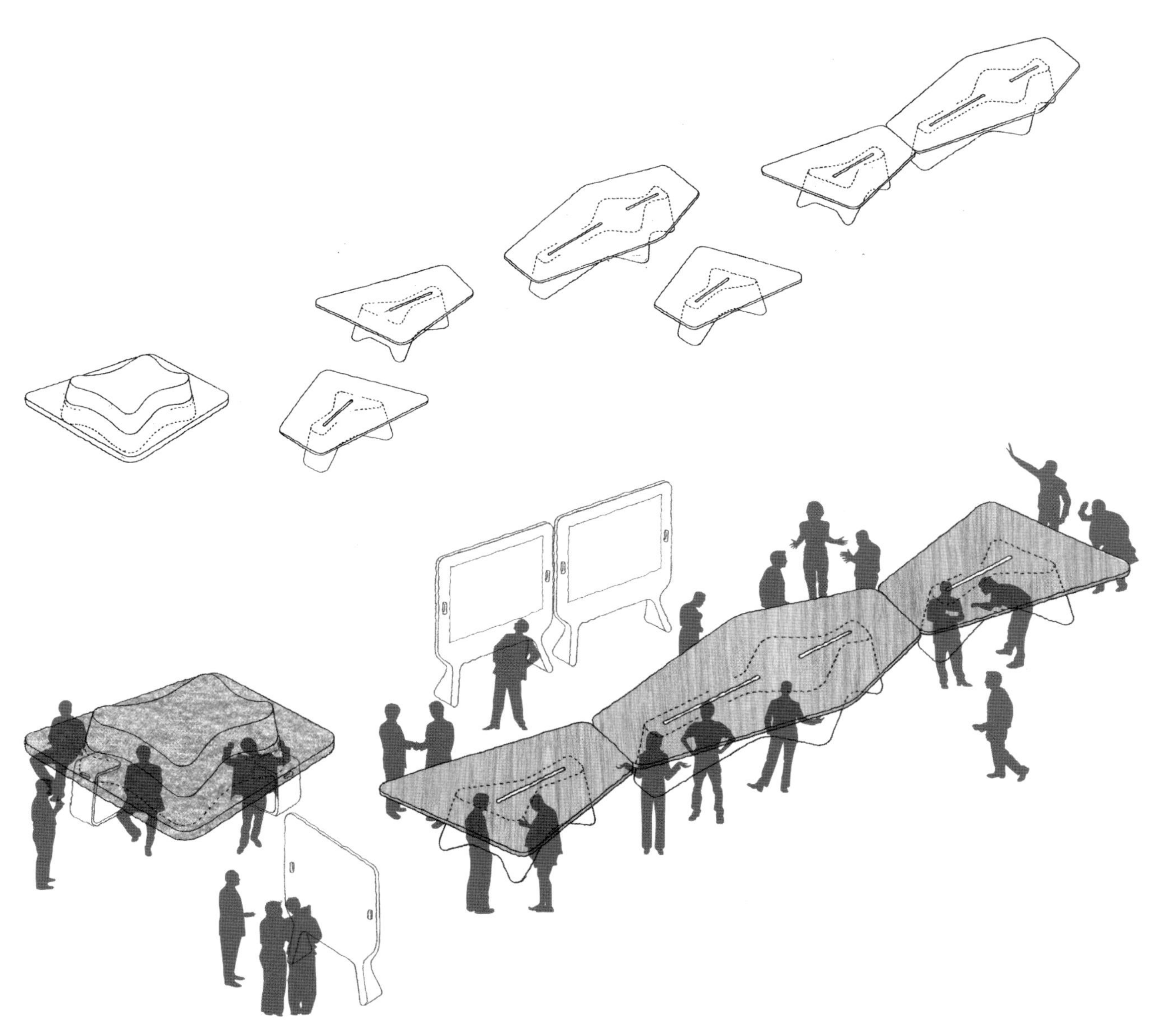

プレゼン時のイメージスケッチ。多角形のテーブルやソファが付いたり離れたりしながら場をつくっている。

施設内の各スペースの結節点ともいえるラウンジスペースに設置したソファ。正面性のない形状をしており、360°からのアクセスが可能。

屋外テラスのベンチ。大きな正方形の平面に、直交する2本のラインを斜めに引いてできる四角形を座板形状としている。4台とも同形状をしており、四つ組み合わせると大きな正方形になるほか、さまざまな形をつくることができる。座面はジャラ材、脚フレームはステンレススチール。

研修ゾーンのコラボテーブル。天板は変形台形。ここでは2台を組み合わせて大きなボート型のテーブルにしている。4本脚のうち2本のみにキャスターを取り付けている。作業テーブルとしての安定性と動かしやすさの双方を考慮した。

ラウンジソファは、掘りごたつのような形状をしている。内部に脚を入れて座ると、数人が親密に向かい合える文字通り"こたつ"のような使い方ができる。また、天板の木口にクッション材が取り付けてあるため、逆向きに座るとそれが背もたれになり、四方から座れるソファとしても機能する。スカートをはいた女性でも出入りがしやすいように、座面の一部を切り欠いている。

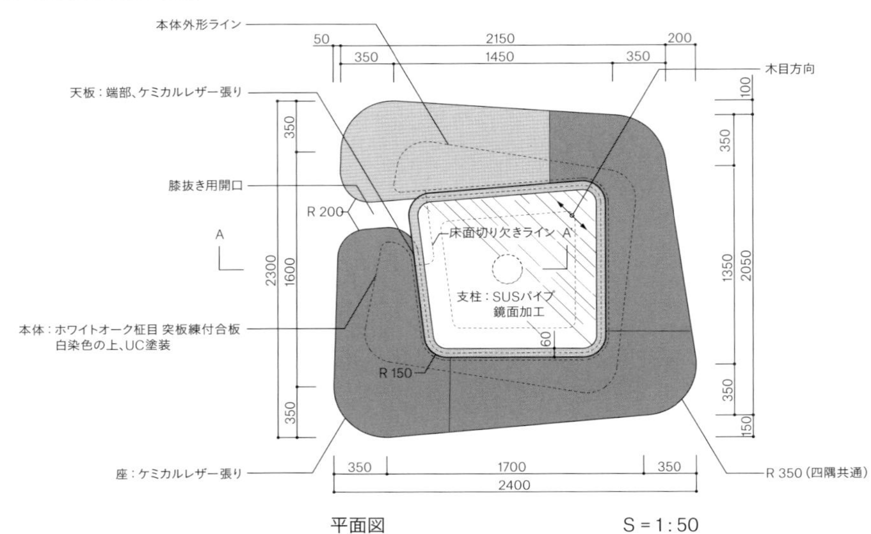

平面図　S＝1：50

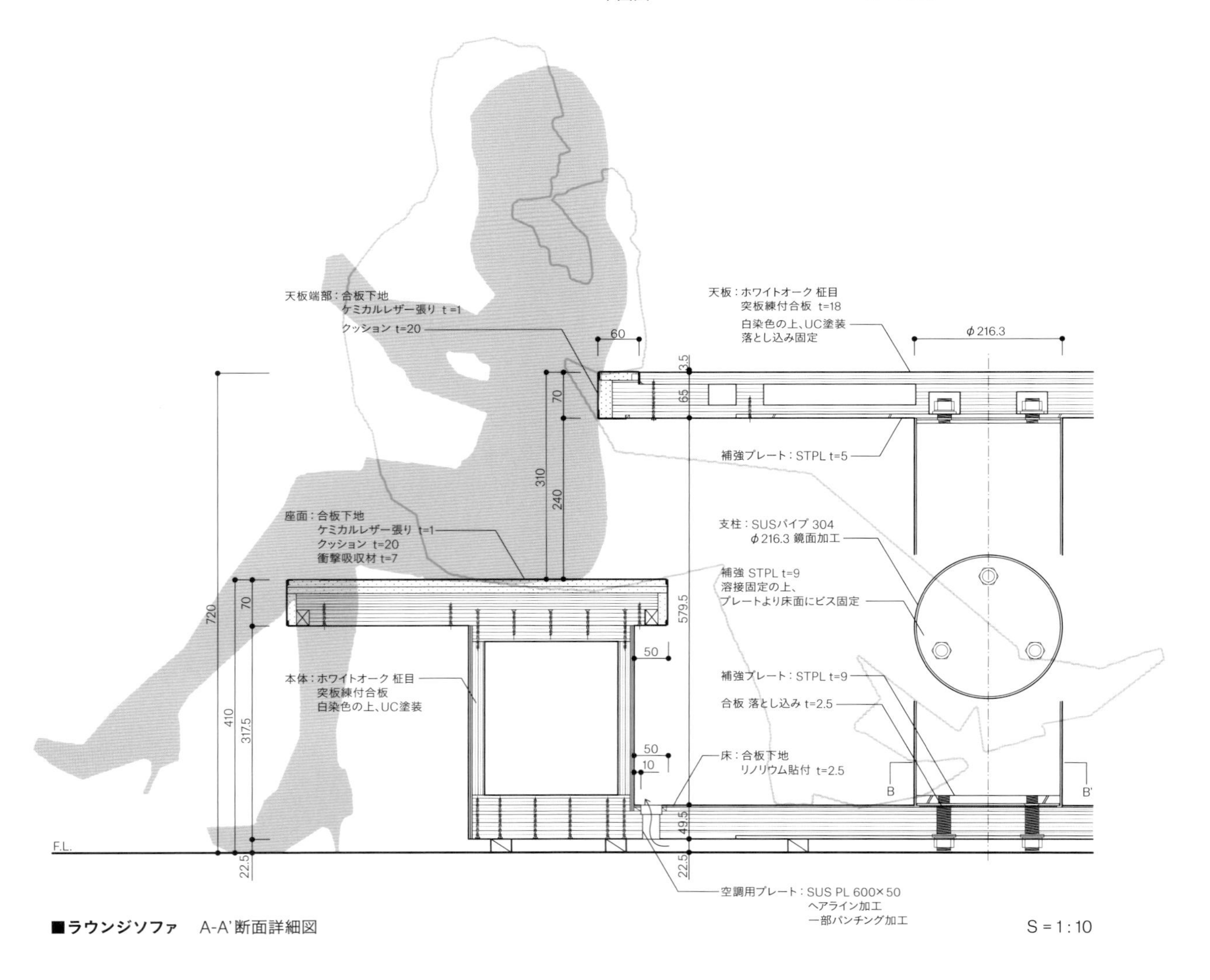

■ラウンジソファ　A-A'断面詳細図　S＝1：10

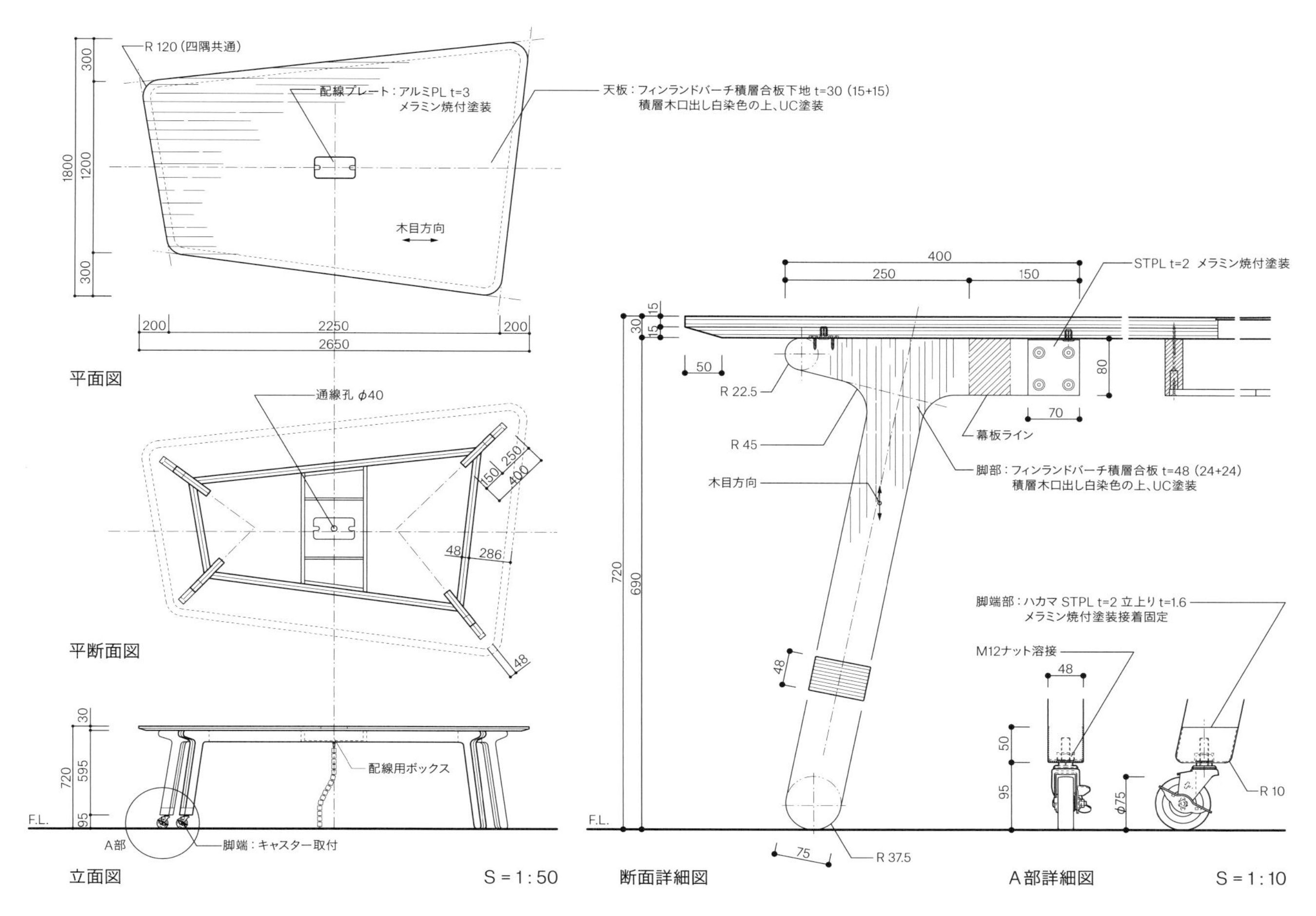

■コラボテーブル

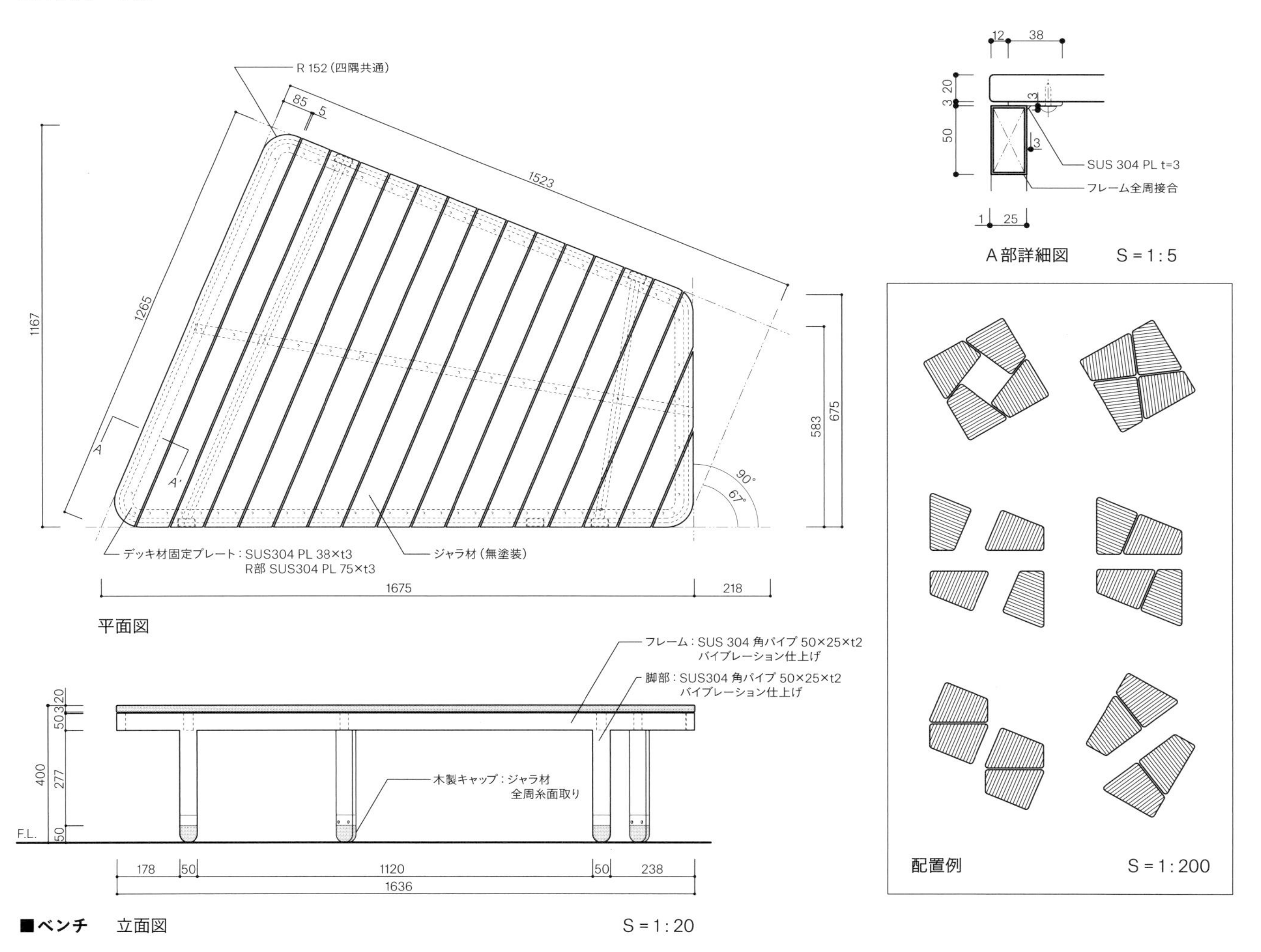

■ベンチ　立面図　S＝1：20

SPACE **10**　　　　2012

NUNO WORKS

ヌノ・ワークス

生地の反物を展示する棚。生地そのものが美しく見えるように板厚はわずか15mm。バックパネルと一体化することで長さ3mの棚を方立てを入れずに成立させた。

ハンギングファニチャー

オリジナルファブリックで世界的に評価の高い「布／NUNO」。同社のプリント生地を中心に展開するブランド「NUNO WORKS」の松屋銀座店の内装計画。

天井が低く、店舗の前に大きな柱があるという条件を、いかにプラスに変換して特徴的な店舗をつくるかが課題となった。

そのための方法として、まず複雑な形状をした店舗の天井と壁面（柱も含む）を、余分なノイズを整理しながらいったん下地として白く仕上げた。そして、その抽象化した白い空間に、パネル状にした家具を壁面からわずかに浮かせ、ハンギングして（掛けて）設置した。床面から切り離された家具群は、浮遊しながら壁面の上下左右に「余白」をつくり出し、空間に開放感をもたらした。また、柱を挟んだ二つの入り口を、こうした“ハンギングファニチャー”がゆるやかにつないでいくことによって、人が自然に導かれる回遊性が生まれた。

ハンギングファニチャーは、この空間の主役である「布」の繊細な素材感に呼応するように、竹の集成材でできている。細かい材を集成したこの素材は、表面に独特の肌理（きめ）を持ち、素材感のある生地の反物や、そこから生まれた衣服や小物たちとほどよく反応しあい、そして引き立てるステージとして機能している。

プレーンに仕上げた壁面に設置されたハンギングファニチャー。文字通り引っ掛ける形式で取り付けている。竹集成材のそれぞれの面にディスプレイ用フックや棚、ハンガーパイプなどが組み込まれており、商品のステージとなる。

ハンギングファニチャーのコンセプト模型。二次元の平面パーツを折り曲げることによって三次元化し、それぞれの壁面をまたぎながら取り付けていく。バラバラの壁面がつながり、同時に余白も生まれる。

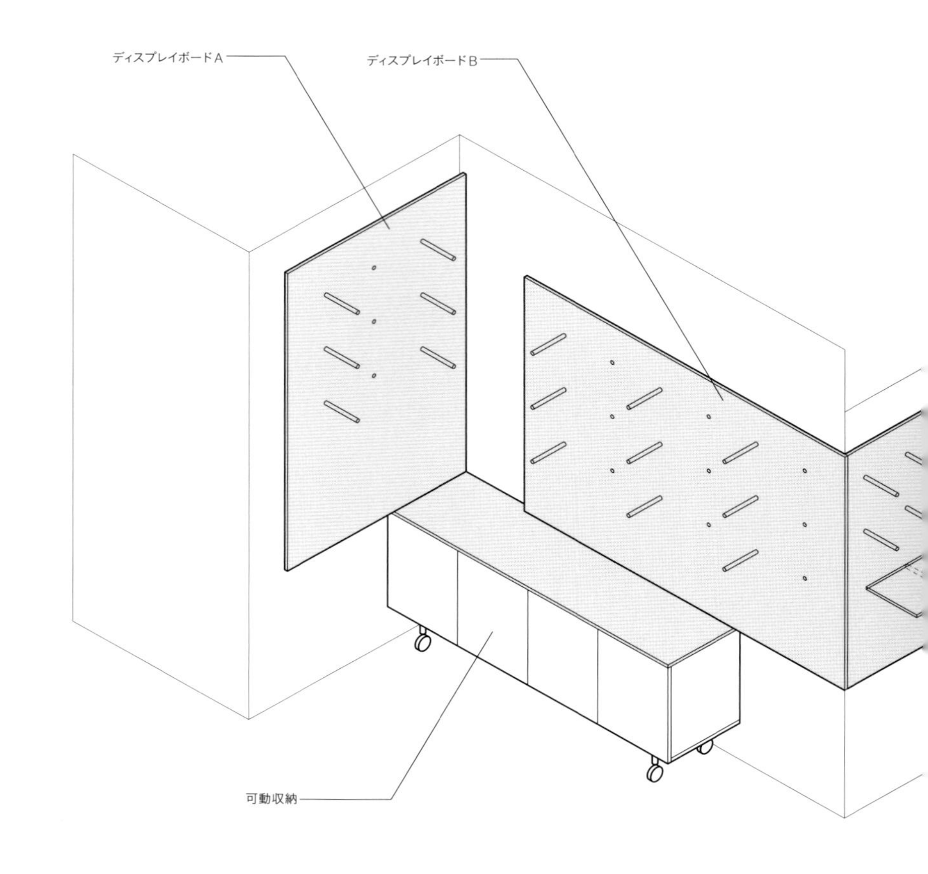

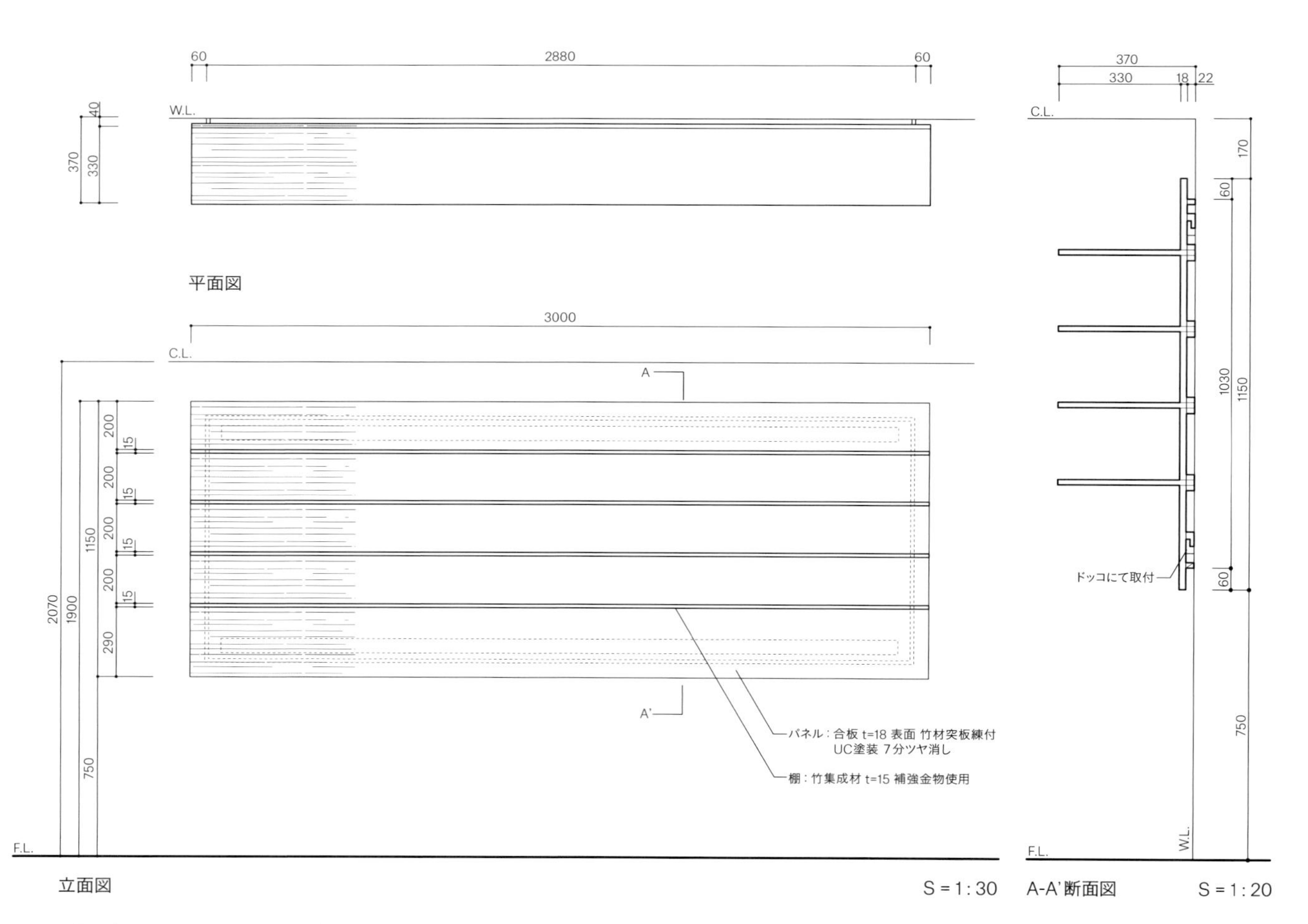

■ハンギングファニチャー／シェルフボード（反物用展示棚）

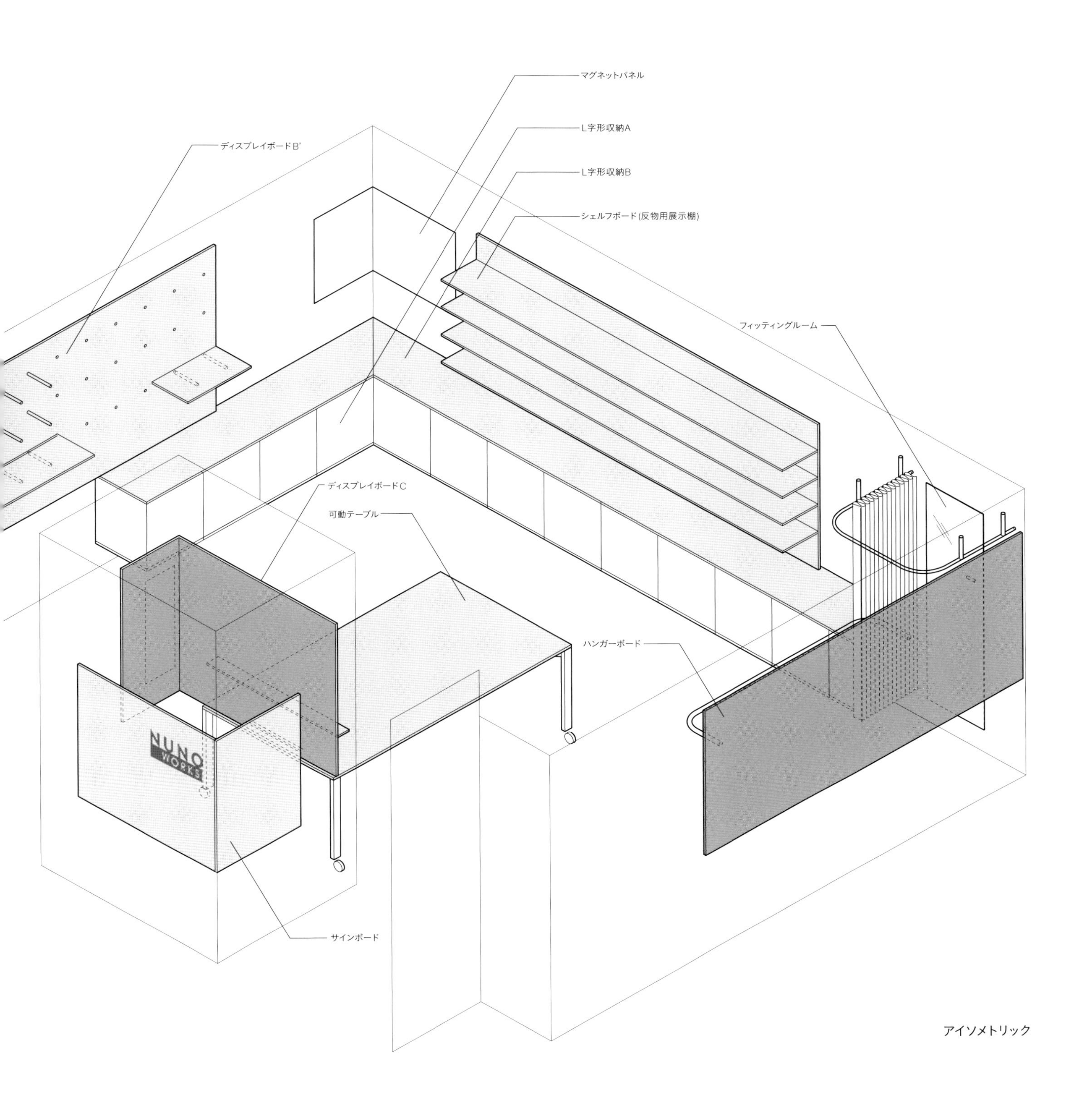

アイソメトリック

壁面に設置されたハンギングファニチャーによって、大きな柱の両脇にある二つの入り口をつなぐ。五つのディスプレイボードの表面には付け替え可能なパイプ状のフックや棚、ハンガーなどを組み込む。カウンター状の収納家具も壁付け(一部可動収納)。天板のみ竹集成材で、箱型の収納部は壁面と同色にしてボリューム感を消している。

Windsor Department

ウィンザーデパートメント

デザイングループメンバー：
藤森泰司／
DRILL DESIGN／
INODA+SVEJE

つくられた時代の感受性を、今の視点で追体験し、新たな形として発見すること

例えば家のダイニングや、まちの喫茶店だったり、おそらく誰もがどこかで目にしているであろう、古くから私たちの日常にあるアノニマスな椅子、ウィンザーチェア。

「Windsor Department」は、その名のとおり、ウィンザーチェアという椅子の形式を探る、デザイナーによるデザイングループである。

この椅子の形式、存在になぜこんなにも惹かれるのか？ ということを意識的に探ってみようという研究を2011年にスタートしている。デザイナーにとっての研究とは、直感をきっかけにリサーチをした内容を、言葉ではなく形にすることである。ウィンザーチェアをあるときに意識し、その形、空気感にえも言われぬ魅力を感じ、一体この“ウィンザー的なるもの”とは何なのだろう？という問いが生まれた。この問いに対して、3組のデザイナーがそれぞれのデザインアプローチで解答を探し、次のデザインにつなげていくことを目的として活動している。2016年までに、計5回の自主的な展覧会を開催し、研究成果として新たなウィンザーチェアをデザインし、発表している。

藤森泰司アトリエは、この活動の中から、「Ruca」「Flipper」「Cooper」「Tremolo」の四つの椅子をデザインしている。

Windsor Department による4回目の展覧会場。研究成果として、3組のデザイナーが新たに導き出したウィンザーチェアと、過去3回の作品を合わせて展示した（「Windsor Department 04」2016年6月10〜18日）。

Windsor Department 01　2010

Ruca

Windsor Department 02　2013

Flipper

Windsor Department 03　2014

Cooper

Windsor Department 04　2016

Tremolo

なぜウィンザーチェアなのか？

ウィンザーチェアとは何か。いくつかの資料を調べてみると、それなりの解答は得られる。17世紀後半のイギリス中南部各地で、当時の指物師（挽物師）たちが、町家や農家で使う実用的な椅子としてつくり始めたものが、ウィンザーチェアの起源といわれている（ウィンザーチェアという名前の語源は諸説ある）。

この形式の椅子が気になった要因は二つある。一つは、この椅子の起源が、王侯貴族のためにつくられたものではなく、庶民が自ら使用するためにつくられた実用品であったことである。つくり手が、その土地の材料を使い、自分たちの技術で必要なものをつくるという、ヴァナキュラーで初源的な魅力がそこにはある。そして、もう一つはこの椅子の構造形式である。ある研究家はウィンザーチェアを以下のように定義している。

「厚い木製の座面を基盤として、椅子の脚・貫・背棒などすべての部材が直接座板に接合された椅子である」[*1]

もっと簡単に「棒状の部材（背もたれ、脚）をすべて座面に差し込んでつくった椅子」と説明したほうがわかりやすいかもしれない。つまりこの形式が、この椅子をこの椅子たらしめている要因なのである。

木製椅子の構造を、棒状の素材、線材でつくるのは簡単ではない。自分で製作の経験が少しでもあれば、そのことが理解できるはずである。板材で箱をつくるように組み立てたほうがよりプリミティブに構造体をつくることができる。とはいえ、それはモダニズムを経た現代のわれわれ特有の視点かもしれない。線材であれば、材料が少なくてすむし、当時の技術（ロクロ[*2]）との親和性を考えればパーツとしての加工が容易だったことも考えられる。そして何よりも、背もたれをスピンドルと呼ばれる細い線材を並べていくことで、人の身体をやわらかく受けとめることができる。クッション材などの張り物がなくても単一素材で（しかも安価で）座り心地のいい椅子を生み出したのである。ウィンザーチェアの資料を注意深く見ていくと、そのことがよくわかる。どれもが線材によって身体を包み込むようなシルエットが生まれている。ウィンザーチェアは空間的な椅子なのである。モダンデザインの源流ともいわれるのは、まさにその空間性にあると思っている。

牧歌的ともいえる雰囲気を持ちつつ、緻密で洗練された印象もあるという、相反する要素が同時に存在しているのがウィンザーチェアの魅力なのかもしれない。

註

*1　ウィンザーチェア研究家、アイバン・スパークスによる定義。『椅子のフォークロア』（鍵和田務著、柴田書店）より。

*2　旋盤。切削物（木材）を回転させて削る木工機械のこと。

5回目の展覧会時のウィンザーチェアのデザイン系譜。初回の展覧会時にメンバーが集めて貼り出したものを、より理解しやすいように年代別に分けて再構成した。なぜウィンザーチェアを現代のデザイナーが「リ・デザイン」するのか、それぞれのデザインアプローチと共に、その思考を浮かび上がらせることを試みた（「Windsor Department in IFFT」2016年11月7〜9日）

Ruca

ルカ

小さくて軽い朝の椅子

Flipper
フリッパー

腰掛けが椅子になる“瞬間”

デンマーク製の小さな古いウィンザーチェアとの出会いが始まりだった。その椅子は座面の奥行きが極端に短く、椅子というより“腰掛け”といった趣で、このスケールは朝の風景にぴったりだと思った。ゆったり座るというより、朝食を食べて家を出るまでの慌ただしさといった、何か次の行動に移る“途中”を心地よく受け止めてくれる椅子。小さくて軽い朝の椅子。「Ruca」は、そういったイメージをもとにデザインした。

実際に座ってみると、奥行きの浅さはそれほど感じない。線材で構成された背もたれが、集合して面になり、腰から背中にかけてぴたりと吸い付くように身体にフィットするため、見た目のコンパクトな印象を超えた座り心地が得られた。自分にとっては、身体と椅子の関係の新たな発見となった。

ウィンザーチェアという形式の研究にのめり込むきっかけにもなった椅子である。

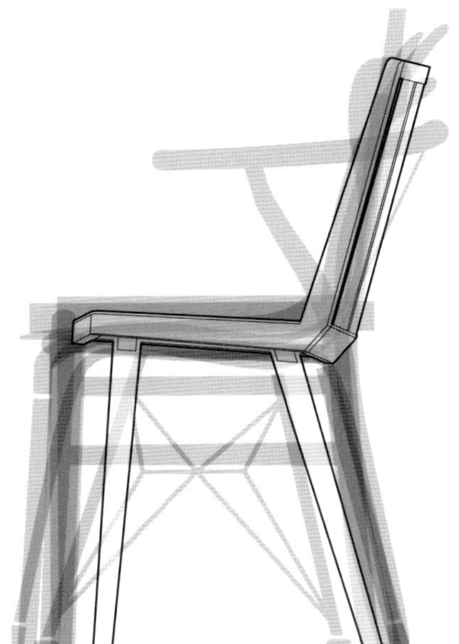

ハンス J.ウェグナーの「Yチェア」や、チャールズ&レイ・イームズの「シェルサイドチェア」など、名作といわれているいくつかの椅子のシルエットを同スケールで重ね合わせたもの。一番手前のラインが「Ruca」。背もたれの高さはそれほど変わらないが、座面の奥行きが浅いのがよくわかる。

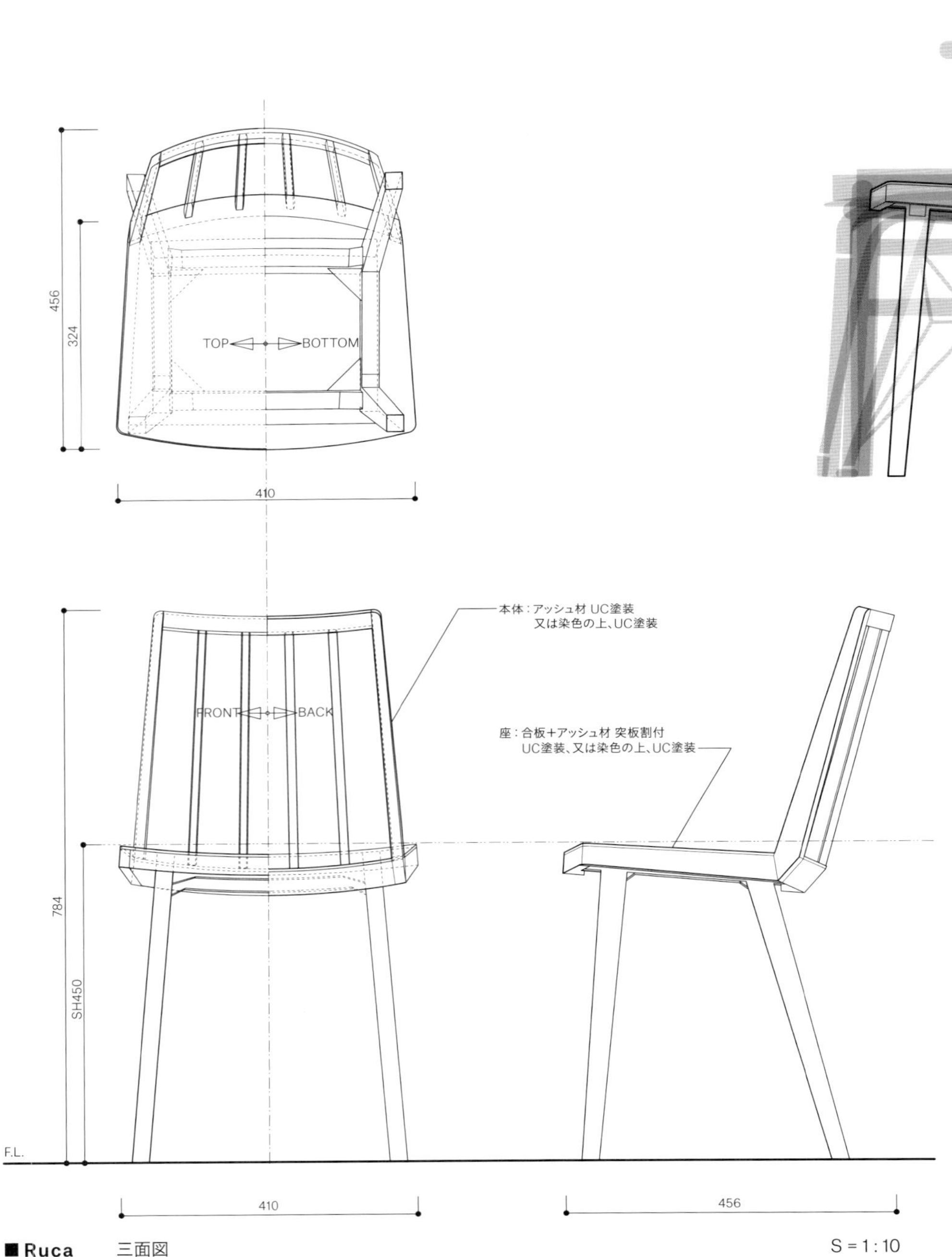

■**Ruca**　三面図　S＝1：10

ウィンザーチェアを外に連れ出したいと思った。その思いを実現するため、この椅子はフレームをスチールで構成し屋外仕様の粉体塗装を施している。そしてまた、使用シーンによって座面の素材を変えることで、屋内でも屋外でも自由に展開していくことが可能になると考えた。

この椅子の構成方法は、シンプルな丸座のスツールに身体を預ける最小限の背を付けるというイメージがもとになっている。いわば、腰掛けが椅子になる“瞬間”のようなイメージ。腰掛けに背が付くことで、それに呼応するように座面が傾き、全体がわずかに変形して「椅子」という形式になっていくのである。これは、椅子という道具の一つの成り立ちを想起させる、ウィンザーチェアだからこそのデザインと考えている。

スタンダードな椅子タイプの他に、ハイスツールタイプも商品化されている。

脚部のX字状の貫を、重ねる際に下になる椅子の座面に当てることで、垂直にスタッキングすることができる。

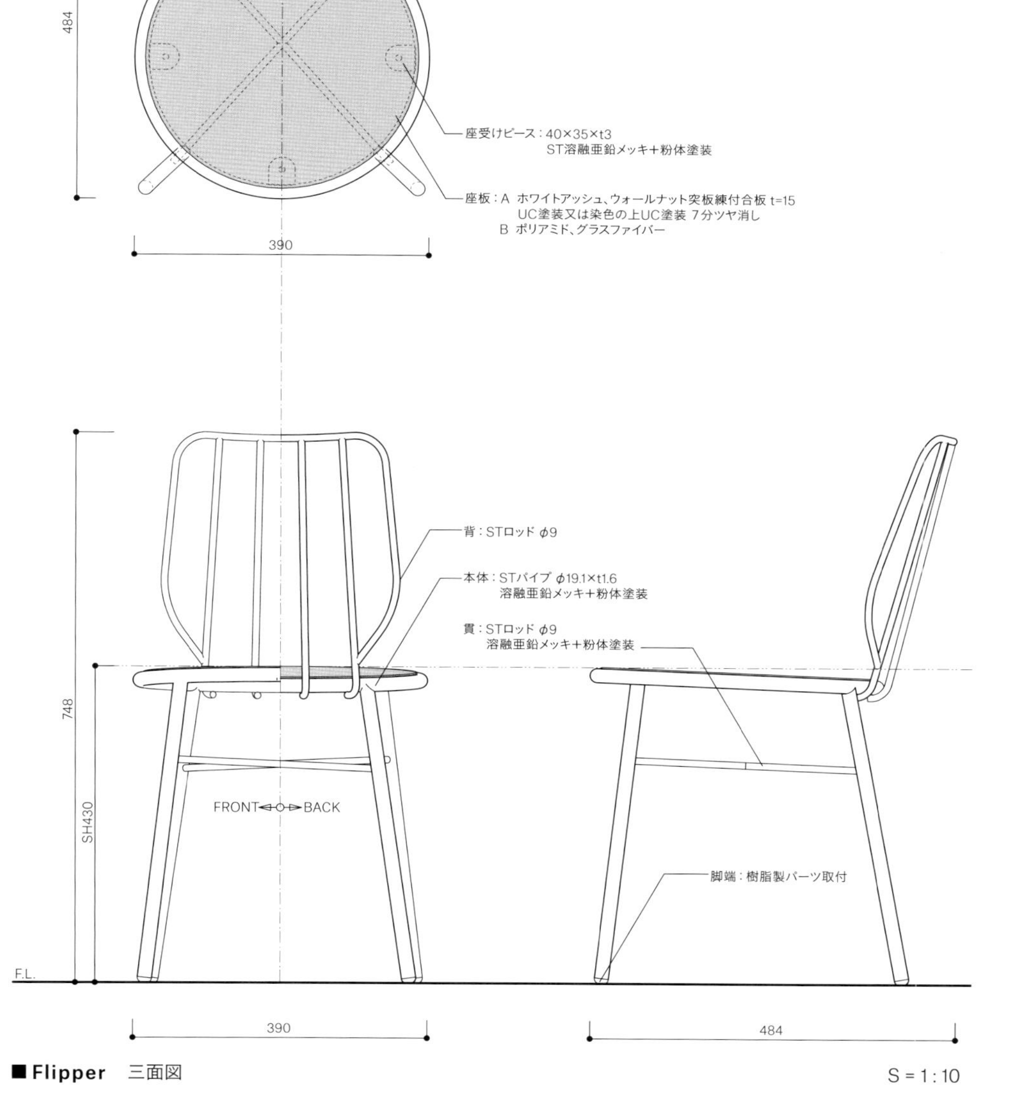

■**Flipper** 三面図

S＝1:10

Cooper
クーパー

“少ない”という強い表情

Tremolo
トレモロ

素材のコントラストと動き

「厚い木製の座面を基盤として、椅子の脚・貫・背棒などすべての部材が直接座板に接合された椅子」というウィンザーチェアの基本構造に立ち戻り、そこからさらに構成部材を最小限に抑えたとき、どんな椅子ができるのか？という問いからデザインをスタートさせた。

無垢材の座面に4本の脚を差し込んで支え、背もたれのスピンドルを2本にしようと考えたとき、ほぼ全体のデザインが決まった。強く力のかかる背のスピンドルのみ座面を貫通させ、さらに後脚に接合することで強度を確保し、トップに身体にフィットする小さな笠木を取り付けた。

ウィンザーチェアとしては、もうこれ以上ないくらい最小限のパーツ構成である。そしてその"少ない"ことが、逆に強い表情を持つことになった。

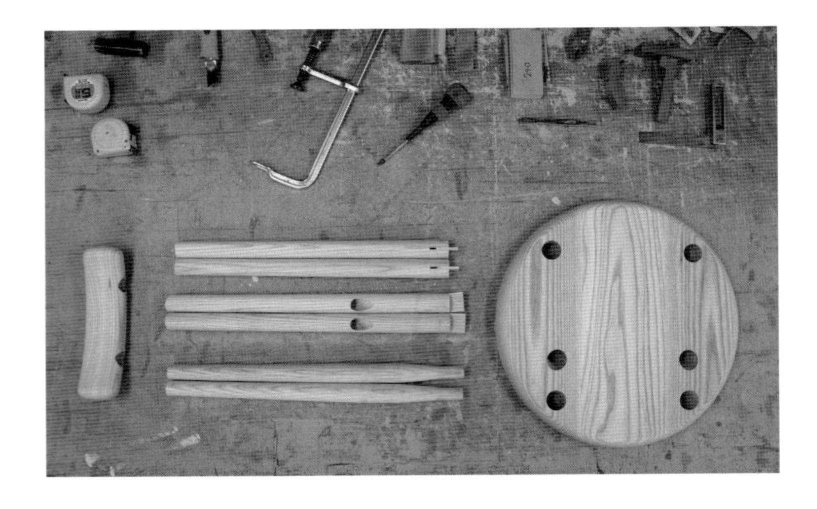

組み立て前の「Cooper」。すべて無垢のホワイトアッシュ材で、わずか8つのパーツでウィンザーチェアが立ち上がる。

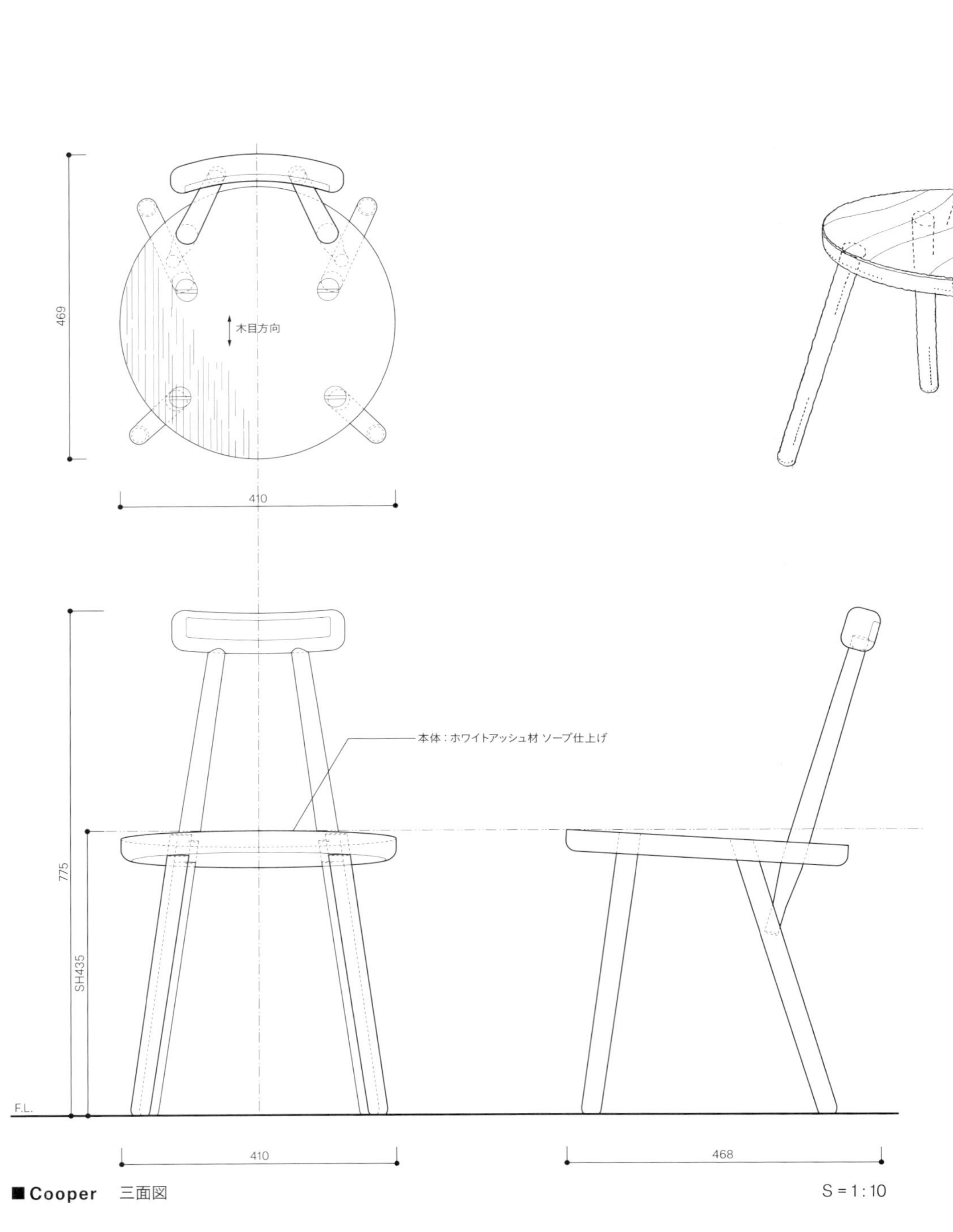

脚部に貫はなく、先端を座板に差し込み、上からクサビを打つことのみで固定した。そのために通常のウィンザーチェアより脚を太めにしている。背もたれの2本のスピンドルも、座面を貫通して後脚に接合することで構造的に成り立っている。ビスは一切使用していない。

■**Cooper**　三面図

S＝1：10

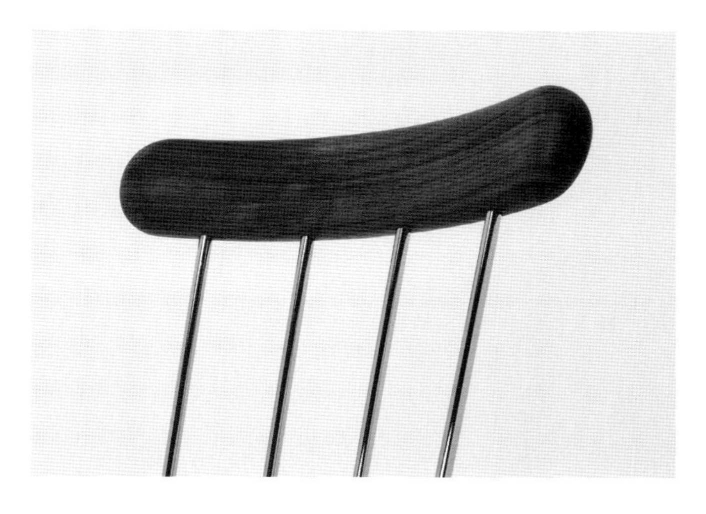

無垢材を削り出してつくった笠木は、スチールのスピンドルに差し込んで固定している。曲面の笠木に斜めに刺さっているため、抜けづらい構造になっている。

座面の上にスピンドルを連続させて配置し、身体を空間的に受け止めるウィンザーチェアに、もう一つの機能的要素を加えることを考えた。それは、身体を預けた際、背もたれが柔らかく“たわむ”ことである。ウィンザーチェアの形式を活かしたうえで、いかに心地よくたわむかを単純な方法で実現することをめざした。

そのために、主体構造(フレーム)をスチールにし、背もたれのスピンドルも同材の極端に細い丸棒(8mm径)にした。そしてそれらを座面下部のフレームから上に向かって開くように4本配置し、トップに無垢材の笠木を乗せた。この方法により、座ったときの身体の微細な動きに、たわみ、ねじれながら追従することが可能になった。

また、メッキ加工を施した繊細で硬質なスチールと、背座の柔らかな天然木の無垢材とのコントラストが、このチェアに独特な表情をもたらした。

スチールフレームと無垢の木材で構成しようと考えたときのラフスケッチ。単純な線とボリュームという、子供が描いた落書きのようなイメージもあった。

502

木目方向

380

笠木：ホワイトアッシュ又はオバンコール 液体ガラス塗装仕上げ

スピンドル：STロッド φ8 クロームメッキ又は銅メッキ仕上げ

座面：ホワイトアッシュ又はオバンコール t=30
座堀加工 液体ガラス塗装仕上げ

765

SH435

脚：STパイプ φ15.9
クロームメッキ又は銅メッキ仕上げ

STプレート t=3.2
クロームメッキ
又は銅メッキ仕上げ

脚端：アジャスター取付

F.L

380

502

■**Tremolo** 三面図

S = 1 : 10

脚および背もたれのスピンドルは、座面の下のドーナツ状のスチールプレートに溶接して支持している。異素材の組み合わせでできているが、座面にすべての構成部材が取り付けられているという点においては、紛れもなくウィンザーチェアである。

家具で空間をつくる

寺田尚樹
Naoki Terada

藤森泰司
Taiji Fujimori

建築や家具、プロダクトといった領域を軽やかに超え、デザインからプロデュースまで幅広く手掛ける寺田尚樹氏とともに、空間や家具に対するデザイン思考を語り合う。同席していた本書のブックデザイナー山野英之氏の問いにも応えつつ、これから目指すデザインのかたちを浮かび上がらせる。

家具が置かれる空間を意識する

寺田　藤森さんの仕事を見ていると、メーカーから依頼されてデザインした商品家具も、建築家とのコラボレーションを通じてつくった家具もあまり変わらないというか、同じ世界観のなかでつくられているような気がするんです。

メーカーの商品家具は、マーケットにどう提案していくかという与件のもとデザインされるのが一般的ですから、空間という与件のもとでデザインしていく建築家との仕事とは全然違う。でも藤森さんは、メーカーと仕事をしているときも家具が置かれる空間を意識しているんじゃないかと思います。そこが、ほかの家具デザイナーとは違うアプローチなんでしょうね。

藤森　戦略的にやっているつもりはないけれど、こんな空間にこんな椅子がこのくらい並んでいたらきれいだなといったイメージは、常に持っているかもしれません。それがすごく明確なときもあるし、ぼんやりしているときもありますが、まったくイメージしていないことはありませんね。

僕は独立前、建築家の長谷川逸子さんの事務所で、公共建築など特定の建築のための家具デザインを担当していました。すべて特注でつくるわけにいかないから、既製品をコーディネートするようなこともやっていて、その経験から既製品もつくれるようにならないと自分の領域が広がらないという意識を抱くようになったんです。

寺田尚樹（てらだ・なおき）　**建築家／デザイナー**
1967年大阪府生まれ。1989年明治大学工学部建築学科卒業。1994年英国建築家協会建築学校（AAスクール）ディプロマコース修了。2003年テラダデザイン一級建築士事務所設立。建築設計やプロダクトデザインのほか、「テラダモケイ」「15.0%」などブランドのプロデュースやディレクションも手掛ける。現在、インターオフィス代表取締役社長、ノルジャパン上級副社長。2016年イトーキとインターオフィスによるファニチャーブランド「i+（アイプラス）」を立ち上げる。

こういう家具があるといいなという思いが強かったから、独立後、メーカーに何度か提案したんですが、それがなかなかうまくいかない（笑）。メーカーにしてみれば、僕の思いというのは関係ないわけです。あまりにうまくいかないから、あるとき開き直って、メーカーの希望をすべて自分なりに受け入れて提案してみたら、「すごく藤森さんらしいですね」と言われました。

寺田　それはどの家具ですか？

藤森　「DILL」（18頁）です。ある意味、自分を消して"普通"のものをデザインしたつもりでいたんですが、すごく喜んでいただいた。それは貴重な経験でしたね。

"普通"が生み出す適度なズレ

藤森　寺田さんは「Windsor Department」（108頁）も見てくれました。この試みは、ある時代の椅子の形式をレファレンスして、リ・デザインしていくというものです。理屈を積み上げていくというより、なぜこの椅子に惹かれるんだろうという感覚的な部分を形（かたち）にして探しています。そんなときも、僕はそこで見つけた発見を、より多くの人と共有したい、日常で普通に使いたいと思えるものをつくりたいんです。

寺田　確かに、自分のストーリーを押しつけないという意味で、藤森さんの椅子にはニュートラルさがあると思います。

藤森さんはいろんなメーカーと仕事をしているけれど、それぞれのテイストに合わせているような印象は受けないんですよ。どの商品にも藤森さんらしさがある。ぶれないというか、不器用という言い方もできるかもしれないけれど（笑）、藤森さんはずっとそれをやり続けるべきだと思います。そのほうが息の長い商品になるんじゃないかな。

藤森　あたりまえのことだけど、僕もメーカーのためにと思ってつくっています（笑）。このメーカーはこんな技術があるから使ってみようとか、このメーカーはこの工法が得意だからやってみようとか、そのメーカーの商品として、どういうものがふさわしいのかということをすごく考えていますね。

でも、メーカーの要求にぴったり応えることが、僕らに求められているとは思っていません。インハウスデザイナーにはできないズレというか、驚きのあるものでないと僕らがやる意味がありませんよね。

寺田　そうですね。メーカーが外部のデザイナーに依頼するのは、そのズレというか、違う価値観を求めているからだと思います。でも

そのズレ幅が大きすぎると、「野球をやろうとしているのに、何でバスケの格好で来ているんだ?」みたいな事態が起こり(笑)、先に進まない。でも、藤森さんは経験値が高いから、メーカーが許容できる範囲のいいズレを出すんですよ。それが、藤森さんのスタンダードに収まっているから、どんなメーカーとやっても藤森さんのトーンが出ている。

マーケティングに頼らない

寺田　建築家は形を考える人なので、椅子やテーブルも自分で考えたいと思うはずです。でも、そこをあえて藤森さんに頼むというのは、自分とは違う世界観を提案してほしいという思いがあるからだと思います。あまり突拍子のないものをやられたら、自分が設計した空間が変容してしまうけれど、藤森さんは建築家のつくる空間を理解したうえで、その世界のなかでちゃんとズレてきてくれる。だから、建築家は頼み甲斐があるし、藤森さんのプレゼンを楽しみにする。

藤森さんが建築家から信頼を得ているというのは、その部分だと思いますね。僕はすごくズレたものを提案してしまうから、なかなかうまくいかないんですよ。バスケの格好しちゃうんです(笑)。だから自分でブランドを立ち上げているわけです。

藤森　寺田さんのように振れ幅が大きいと、むしろ自分でプロデュースしたほうがうまくいくと思います(笑)。

寺田　メーカーの一般的なアプローチというのは、空間というよりマーケティング的なこと、例えば、これからトレンドになるワークスタイルに合わせて、立ちながら仕事ができるデスクがあったほうがいいだろうとか、住宅のようなオフィス空間が求められるからダイニングチェアみたいな椅子を開発してみようといった発想だと思うんです。

でもそれは、自分の経験値のなかで考えたことではないんですよね。誰かが言っていたとか、展示会で見たとか、ライバルメーカーが去年それを開発して大ヒットしたとか、外的なモチベーションから始まることが多い。でも藤森さんは、メーカーからの要望をいったん自分のなかで咀嚼して、こういう家具をデザインしたらこんな空間が広がるというイメージのなかで考えていくから、アプローチの方向が違うんですよ。

藤森　例えば、メーカーで新しいオフィスデスクを開発しようとすると、どうしても今まで連綿とつくられてきたオフィスデスクという概念のなかで考えがちです。でも、もう少し引いた視点でとらえることができれば、いろんな仕事を受け止める作業面さえあればワークスペースは成立するんじゃないかと発想できる。「LEMNA」(12頁)のような商品は、外部のデザイナーだからできることだと思うんです。

寺田　メーカーだけでなく建築家も、藤森さんにそういう引いた目線を要求しているんだと思います。自分でやったほうがいい結果になると思えば自分でやりますからね。

自分マーケティングが放つ強度

寺田　メーカーはデザイナーにデザインを発注する。デザイナーは依頼を受けてデザインする。メーカーはそれを製造する。その先には販売する人がいて、彼らはお客さんにいかに売るかということを考えている。この3者は一つの商品にかかわっているんだけど、視点がまったく違うんですよね。

今僕はデザインから販売まで、その3者すべての視点から見ることができるポジションにいると思います。デザイナーの価値観も持っているし、メーカーの事情や売る人の気持ちもわかるようになってきた。これまでこの3者は相反することが多かったんだけど、僕らインターオフィスはそれらが相反しないかたちでの取り組みができると思うし、そういうプラットフォームになればいいなと模索しているところです。

藤森　寺田さんたちがイトーキと協働して立ち上げたブランド「i+(アイプラス)」は、インターオフィスだけでもイトーキだけでもできないことですね。寺田さんはそういう仕組みをデザインしているんだと思います。

寺田　一般のメーカーというのは工場を持っているものですが、インターオフィスは工場を持っていません。「i+」ではイトーキさんに協力していただいて、僕らはファブレスメーカーとして全体をプロモーションしていく。今回は商品の世界観を打ち出すために、テキスタイルデザイナーの安東陽子さんと照明デザイナーの岡安泉さんにも参加してもらいました。大きなメーカーとはターゲットが違うから、今後も面白い人たちを巻き込んで商品開発をしていきたいですね。

藤森さんとも一緒にやりたいと考えていて、現在トライアル中です。始まったばかりでまだはっきりしないけれど、空間をつくるためのプロダクトというイメージは持っています。

2016年イトーキとインターオフィスが設立したファニチャーブランド「i+」。金管楽器から着想を得たミニマルなデザインによるテーブル、パーテションのほか、卓球も楽しめるミーティングテーブルなど、多様なワークスタイルに対応しながらもオフィス空間に遊び心をもたらすプロダクトを提供している。

山野　僕も質問していいですか?　それは、今のオフィスには足りないここをやってみようとか、こういう働き方が今後出てくるからそこに対応してみようとか、そういうことから考え始めるんですか?

寺田　そこはすごく悩みました。今後どういう働き方がトレンドになるのか、営業マンからヒアリングしていくという方向もありますが、あえてそれはやめたんです。僕らのような仕事をしていれば、リサーチというのは日常的に無意識にやっていることだから、やりたいことを素直に出してみようと。だから時間はかかると思っています。

マーケットから拾ってくるものは、すでに存在しているということです。そうではないものをやろうとしたら、マーケットリサーチはしないほうがいいと思う。マーケティングから発想するというのは、最終的にそれが売れなかった場合、マーケットのせいにできますよね。失敗したときに自分が責任を負わないための逃げ道として、リサーチしても仕方ありませんから。

藤森　そう、リサーチは常にそれぞれやっていることですから、それを根拠にしないということですよね。

寺田　そうですね。「ブルーオーシャン」とよく言うけれど、競争相手のないところで戦うということは、自分で新しいマーケットをつくることです。それはリサーチしてできるわけがないんですよ。

藤森　寺田さんみたいに、アイスクリームスプーンのブランドを立ち上げるなんて、ニッチですよね。普通のマーケティングでは発想できない。

寺田　そう、ニッチ（笑）。でも、みんなが好きなものをやることに対してあまり興味がないんです。こういうスプーンがほしい人は100人のうち1人しかいないかもしれないけれど、世界中で100人のうちの1人に伝われば成立するんですよ。僕は、多くの人が何となく好きそうなものをやらなければいけないほど、大きなものを背負っているわけではありません。ビジネスの規模をどこに定めるかですよね。

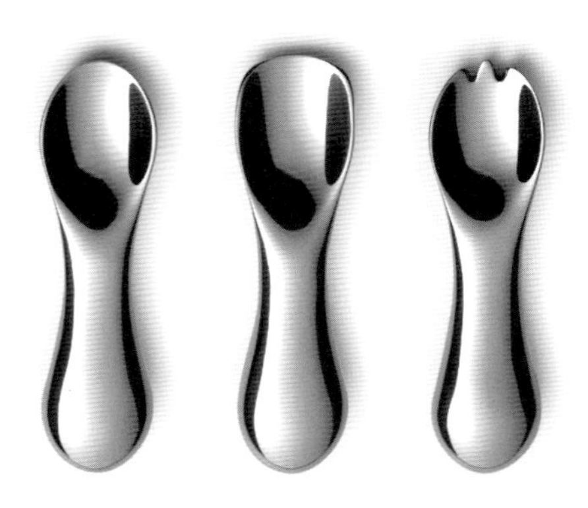

寺田氏がプロデュースするブランド「15.0%」では、丸みのある「vanilla」など3種類のアイスクリームスプーンを提供。熱伝導率の高いアルミを使用しているため、カチカチに凍ったアイスでも指先の体温で溶け、すぐに食べられる。いつでもどこでもアイスを楽しめるストラップ付き携帯用スプーン「sesame」なども展開。

藤森　ユニバーサルだと思って考えたことが、本当に社会の役に立つとは限らないとも思うんです。A子さんに頼まれたことだけを考えてつくったものが、ユニバーサルになる可能性もあるんじゃないか。ニッチかもしれないけれど、A子さんの問題は確実に解決しているわけだから、それは侮れないのではないかと。

寺田　そうですね。大多数から見たらニッチかもしれないけど、そこにいる人にとってみればニッチじゃないんだよね。アイスクリームスプーンも、僕自身にマーケティングした結果、どうしても必要なものだったんです（笑）。

藤森　確かに、アイスクリームを食べるためのスプーンがほしいと、ずいぶん前から言っていました（笑）。

山野　自分も世界に内包されているのだから、自分のためにやるという感覚はけっこう有効だと思います。そこはしっかりマーケティングされているわけですからね。

寺田　そう。自分にマーケティングして必要だと思ったものは自信を持って説明できるし、人を説得できる。

藤森　寺田さんがアイスクリームスプーンに集中したように、何かひとつでもこれだというものがあればいいんです。世の中には素晴らしい椅子がたくさんありますが、それは過去の人たちが考えたもの。椅子の“座る”という機能は変わらないけれど、自分たちは今こういう椅子で生活したいと強く言える何かがあれば、商品としてきちんと受け入れられるという思いがあります。

家具からにじみ出る空間の魅力

寺田　フォルムなのか、曲面のとり方なのか、うまく説明できないけど、藤森さんの家具には共通のテーマというか、何かもわっとしたものを感じますね（笑）。

クライアントごとにいろんなスタイルを出せるデザイナーもいるけれど、器用にいろんなことができる人って、ちょっとわからないところがあるじゃないですか（笑）。一方、藤森さんの家具には与件を解決する先にある見えない部分に、藤森さんのテイストという一気通貫したものがある。そこに強度みたいなものを感じるから、信頼できるんです。

山野　家具からにじみ出る空間みたいなところにヒントがあるのではないでしょうか。「LEMNA」もそうですが、家具が人の振る舞いを生み出す道具みたいになっているのも面白いと思います。

藤森　家具が持っている空間性みたいなものは、確かに意識していると思います。こういう新しい素材の使い方を発見したとか、こういう新しいつくり方をしたとか、こういうスタッキングができるといったデザインは、ものを説明するための理由でしかない。何か変とか、面白いというのは、別の次元にあるものだと思っています。

僕らが現寸模型をつくったりするのは、それを確認したいからなんですね。新しい技術は使っていないけれど見たことのないものになっているかどうか、もしくはそこに詰め込んだ技術は本当に必要なのかどうか、原寸できちんと判断しなければいけないと思っているんです。

藤森泰司

寺田　それが、家具からにじみ出てくる空間ということだと思うし、それがないと面白くない。藤森さんに依頼するメーカーや建築家は、そこに期待するんだと思います。でも、それはなかなか言葉では伝えられないものだから、藤森さんがあえて説明する必要はないのかもしれません。うまく説明できないその雰囲気みたいなところが、実は一番やりたいことだったりするんでしょうね。

山野　デザインをしていると、その寿命みたいなことを考えると思うんです。パッと見てすごく面白いと思うけど、3カ月ぐらい経つと飽きてしまうことってあるじゃないですか。藤森さんは、デザインの寿命に対してどう考えているんですか？

藤森　なるべく長生きしてほしいとは思っています。時間を引き受けるデザインかどうかということは素材も含めて考えるようになりました。女性もそうかもしれないけれど、年を経ても「見るたびにきれいになっているね」と言われるのが理想ですね（笑）。でも、この家具があるからこの空間はいいというのは、後からじんわり気付くことなのかもしれません。

寺田　確かに、漠然とこの空間がいいというのは理解できても、実はこのテーブルがあるから空間がよくなっていると気付く人は、そういないかもしれませんね。最初はわからなくても、3年後、5年後に気が付くことなのかな。でもデザインする藤森さんは最初からわかってやっているわけだからね。

山野　一方で、刺激みたいなものを求められることもありますよね。僕のようにグラフィックデザインをやっていると、いいなと思っても、すぐに飽きるんじゃないかなと思って、少し抑えるときがあるんです。

藤森　僕の場合、やりすぎたと思うことはあまりないですね。むしろ自制してしまうところはあるかもしれません。もしかしたら、自制しないでやってほしいと言われているんじゃないかという気もするんです。

寺田　でも、自制するその感じが藤森さんらしいから、自制しないものをあえてやらなくてもいいと思います（キッパリ）。

藤森　そう言われると断然やりたくなるけど（笑）。でも、思いきってやってみたら自分でも気付かなかったことにたどり着くようなことは経験してみたいですね。

家具によって空間を変容させる

藤森　僕の師匠（家具デザイナーの大橋晃朗）をはじめ、僕らの先輩たちの多くは、一人のデザイナーとして生きていくために、ある意味、極端なデザインをしなければならなかったんだと思うんです。そう自身を追い込んでいたというか。例えば、座ってお尻が痛くても、それが空間において美しいのであれば、新しい概念が表現できるなら、そこを徹底的に研ぎ澄まして、今までにないものを生み出していく。僕自身、それに対する尊敬と憧れもあります。でも、もう今はそういうことではないんじゃないかと。

僕が商品家具をやろうと思ったのは、自分が考えたことを社会化したいという思いがあったから。自分が考えたものが、自分の知らないところで使ってもらったらすごくうれしいですよね。オブジェということに逃げないというか、普通の人が面白いと思ってくれて使いやすいという日常性は意識していきたい。実際、建築家からくる仕事も、オブジェというより機能性が求められるものが多いし、僕もそれが好きなんです。

でも最近の仕事で、機能を逸脱していくというか、それが存在するだけで場の質をがらっと変え得るようなものを求められました。それは、ある意味で「強い表現」ですよね。ガランとした空間に、テーブルと椅子を置くだけでは、家具で空間をつくってくれという要求に応えられません。

寺田　それは面白そうですね。藤森さんは美しさと座り心地みたいなものを両立させることができる経験値はあると思うから、空間を支配するようなオブジェとしての家具もやれる気がします。

20世紀初頭につくられた名作家具というのは、空間にぽんと置いただけでちゃんと美しくて座り心地もよく、僕らにほしいと思わせる何かがありますよね。最近、座りやすくて安価で機能的な家具はたくさんあるけれど、そういうものは生まれていないかもしれません。

藤森　道具と表現が両立しているのはデザインとしては正しいあり方なのかもしれないけど、人はそればかりを求めているわけではないとも思うんです。座り心地のあまりよくない椅子でも、とにかく身近にほしいとか、手放したくないという愛着だけで解決できることもあると思う。

抽象的な言い方になってしまうけれど、例えばこの椅子のまわりにあるもの、椅子が持っている空間と言っていいのかもしれないけれど、僕はそういうものに興味があるんです。この家具が持っている空間はどういう場所に合うのか、ということは常に意識しています。

寺田　最終的に空間をデザインしたいという野望が藤森さんにはあると思うし、そういうところにかかわり始めているんでしょうね。それはもはや家具デザインとは違う世界です。建築家は空間を変容させる種になるようなものを藤森さんに期待しているんだと思います。

藤森さんの提案に対して、建築家が「それはいいアイディアですね。この壁は塗装の予定だったけど、この椅子に合わせて木の下見板張りに変更しよう」と言ってくるようなことが起こると面白いじゃないですか。建築家も臨機応変に方向転換できるキャパシティを持ち、藤森さんは家具という切り口で空間設計にかかわっていく。藤森さんの家具を置くことによって、そこが藤森さんの空間になっていくようなものを僕もぜひ見てみたいですね。

あとがき

「家具についての本をつくりませんか?」という話は今まで何度かいただいた。ただ、自身が怠惰なこともあり、普段の仕事にかまけてなかなか実現せずにいた。それでもここ数年間、自分が家具について考えていることを、まとまったかたちできちんと伝えたいという思いが強くなっていた。

そんな折、だいぶ以前から彰国社の神中智子さんと「家具のデザインについての本があまりないので何かやりたいですね」と話していたこともあり、再度お会いして、僕の気持ちを伝えた。どんな内容の本にするか、何回かのやり取りがあり、このようなかたちで実現することになった。

これは、僕の作品集というより、家具デザインについての本だと考えている。それぞれの項目には、家具の名前のほかに、その特徴や考えるに至ったコンセプトをアンダーラインが付いた「見出し」として記した。見出しの文言を考えるのに時間がかかったが、それをきっかけとして、写真、図面とスケッチ、そして本文とめぐることで、家具に対しての理解を深めてもらいたいと考えた。小さな家具がさまざまな思考によって成り立っていること、そしてその方法はまだまだたくさんあるということを感じてもらえたら嬉しい。この本を通して、家具を見る目が少しでも変わることを望んでいる。

誌面の都合により、掲載できる作品にも限りがあり、載せられなかった案件やプロダクトもたくさんある。まず、今まで仕事をご一緒させていただいた多くの建築家の方々、メーカーの方々にお礼を申し上げます。それから、僕の遅々として進まない執筆やいくたびもの校正に根気よく付き合ってくださった編集者の神中さんに感謝いたします。そして、何度も修正が入りながらも、的確な誌面をデザインしてくださったグラフィックデザイナーの山野英之さんとスタッフの蔭山大輔さんにもお礼を申し上げます。最後に、ここに掲載されている家具たちは、つくり手の方々、藤森泰司アトリエのスタッフたちがいなければ実現しなかったものです。本当にありがとうございました。

2018年6月
藤森泰司

藤森泰司アトリエ

STAFF
藤森泰司

石橋亜紀
高崎 遼
石井 翔
小久保竜季
安川流加

PAST STAFF
堀 達哉
金井洋子
佐藤のぞみ
小林孝寿
杉浦晴香
堀 結実

FURNITURE

01 RINN
完成：2011年
デザイン：藤森泰司
制作・販売：ARFLEX JAPAN

02 Round toe table
完成：2000年
デザイン：藤森泰司
制作・販売：E&Y　＊現在は販売終了

03 LEMNA
完成：2009年（2016年／リニューアル）
デザイン：藤森泰司
制作・販売：内田洋行

04 DILL
完成：2006年
デザイン：藤森泰司
制作・販売：カッシーナ・イクスシー　＊現在は販売終了

05 地域産材でつくる自分で組み立てるつくえ
完成：2014年
デザイン：藤森泰司
制作・販売：内田洋行 + Re:吉野と暮らす会 + パワープレイス

06 RUNE
完成：2014年
デザイン：藤森泰司
制作・販売：ARFLEX JAPAN

07 OVERRIDE
完成：2017年
デザイン：藤森泰司
制作・販売：aemono

08 Laurus
完成・プロトタイプ制作：2010年
発売：2013年
デザイン：藤森泰司
制作・販売：COMMOC

09 Myrtle
完成：2012年
デザイン：藤森泰司
制作：丹青社

10 Lono
完成：2013年
デザイン：藤森泰司
制作：丹青社

11 bichette
完成：2014年
デザイン：藤森泰司
制作：丹青社

12 apo
完成：2017年
デザイン：藤森泰司
制作：丹青社

SPACE

01 天津図書館
所在地：中国天津市河西区平江道文化中心
竣工：2012年
建築設計：山本理顕設計工場＋天津市都市計画設計研究院建築分院
内装施工：中建五局装饰幕墙有限公司、中建六局装饰工程有限公司
家具設計：藤森泰司アトリエ
家具制作協力：オカムラ
照明計画：岡安泉照明設計事務所
サイン計画：廣村デザイン事務所
カーペット：安東陽子デザイン

02 竹田市立図書館
所在地：大分県竹田市大字竹田1979
竣工：2017年
建築設計：塩塚隆生アトリエ
家具設計：藤森泰司アトリエ
家具制作：内田洋行（特注備品家具）
照明計画：岡安泉照明設計事務所
サイン計画：高い山
テキスタイル：安東陽子デザイン

03 iCLA 山梨学院大学 国際リベラルアーツ学部棟
所在地：山梨県甲府市酒折2-4-5
竣工：2015年
建築設計：伊東豊雄建築設計事務所＋清水建設
家具設計：藤森泰司アトリエ
家具制作：丸善雄松堂（特注備品家具）、清水建設
サイン計画：MARUYAMA DESIGN
カーテン：安東陽子デザイン

04 福生市庁舎
所在地：東京都福生市本町5
竣工：2008年
建築設計：山本理顕設計工場
家具設計：藤森泰司アトリエ
家具制作：オカムラ、高島屋スペースクリエイツ（特注備品家具）
サイン計画：廣村デザイン事務所

05 東京造形大学 CS PLAZA
所在地：東京都八王子市宇津貫町1556
竣工：2010年
建築設計：安田アトリエ
家具設計：藤森泰司アトリエ
家具制作：内田洋行（特注備品家具）

06 宮城学院女子大学附属認定こども園「森のこども園」
所在地：宮城県仙台市青葉区桜ヶ丘9-1-1
竣工：2016年
建築設計：伊東豊雄建築設計事務所
家具設計：藤森泰司アトリエ
家具制作：イノウエインダストリィズ、ドゥエコーリ（特注備品家具）
サイン計画：MARUYAMA DESIGN
カーテン：安東陽子デザイン

07 mediba Creative Farm SHIBUYA
所在地：東京都渋谷区渋谷2-21-1 渋谷ヒカリエ31階
竣工：2012年
インテリア共同設計：トラフ建築設計事務所
家具設計：藤森泰司アトリエ
家具制作：高島屋スペースクリエイツ

08 南方熊楠記念館新館
所在地：和歌山県西牟婁郡白浜町3601-1
竣工：2016年
建築設計：小嶋一浩＋赤松佳珠子／CAt
家具設計：藤森泰司アトリエ
家具制作：オカムラ（特注備品家具）、東宝建設
照明計画：岡安泉照明設計事務所
サイン計画：高い山
テキスタイル：安東陽子デザイン

09 DNP創発の杜 箱根研修センター第2
所在地：神奈川県足柄下郡箱根町
竣工：2009年
建築設計：石原健也＋デネフェス計画研究所、清水建設一級建築士事務所
家具設計：藤森泰司アトリエ
家具制作：丸善雄松堂、内田洋行、イノウエインダストリィズ（特注備品家具）

10 NUNO WORKS
所在地：東京都中央区銀座3-6-1 松屋銀座店 7Fリビング
竣工：2012年
家具設計：藤森泰司アトリエ
家具制作：イシマル

RESEARCH & DEVELOPMENT

Windsor Department

01 Ruca
デザイン：藤森泰司
完成・プロトタイプ制作：2010年
発売：2013年
制作・販売：COMMOC

02 Flipper
デザイン：藤森泰司
完成・プロトタイプ制作：2013年
発売：2015年
制作・販売：COMMOC

03 Cooper
デザイン：藤森泰司
完成・プロトタイプ制作：2014年
制作：フルスイング

04 Tremolo
デザイン：藤森泰司
完成・プロトタイプ制作：2016年
制作：五反田製作所

写真クレジット

15.0%
P. 122上

aemono
P. 32、33

ARFLEX JAPAN
P. 8、28、31

COMMOC
P. 34、109上右

E & Y
P. 11

i+（アイプラス）
P. 121下

阿野太一
P. 88、89

阿部良寛
P. 110、113-117、119

内田洋行
P. 12、17下、24

太田拓実
P. 100、101

大森有起
P. 3、52-57、60-65、69-79、84上、86、87、104

小川真輝
P. 14、16、112

尾鷲陽介
P. 36-43

カッシーナ・イクスシー
P. 20、21

繁田 諭
P. 80、82、84下3点、85
＊『コンフォルト』156号（建築資料研究社）より転載

彰国社写真部
P. 102

スカンジナビアンリビング東京・スカンジナビアンリビング神戸
P. 2

杉田知洋江
P. 9

高見知香
P. 35

ナカサアンドパートナーズ
P. 44-50

中村 絵
P. 59

長谷川健太
P. 92-97、108

フルスイング
P. 109下左、118

山本茂伸
P. 22

吉次史成
表紙、P. 120、121上、122下、123、125

＊上記に特記のないものは、全て藤森泰司アトリエ提供

ブックデザイン

高い山

藤森泰司（ふじもり・たいじ／Taiji Fujimori）

家具デザイナー

1967年埼玉県生まれ。1991年東京造形大学造形学部デザイン学科卒業後、家具デザイナー大橋晃朗に師事。1992-1998年長谷川逸子・建築計画工房に勤務し、インテリア・家具デザインを担当。1999年藤森泰司アトリエ設立。
家具デザインを中心に据え、建築家とのコラボレーション、プロダクト・空間デザインを手掛ける。近年は図書館などの公共施設への特注家具をはじめ、ハイブランドの製品から、オフィス、小中学校の学童家具まで、その活動は多岐にわたる。スケールや領域を超えた家具デザインの新しい在り方を目指して実践を続けている。2016年毎日デザイン賞ノミネート。グッドデザイン特別賞など受賞多数。桑沢デザイン研究所、武蔵野美術大学、多摩美術大学、東京大学非常勤講師。2016年よりグッドデザイン賞審査委員。

家具デザイナー藤森泰司の仕事

2019年5月10日　第1版発　行

著作権者との協定により検印省略

編著者　藤森泰司アトリエ
発行者　下出雅徳
発行所　株式会社　**彰国社**

自然科学書協会会員
工学書協会会員

162-0067　東京都新宿区富久町8-21
電話　03-3359-3231(大代表)
振替口座　00160-2-173401

Printed in Japan

印刷：真興社　製本：誠幸堂

ISBN 978-4-395-32135-3　C3052　http://www.shokokusha.co.jp

本書は、2018年7月に「ディテール別冊」として刊行しましたが、このたび、単行本として新たに刊行しました。